园林景观设计与林业栽培

王　法　穆　静　封学德　著

吉林科学技术出版社

图书在版编目（CIP）数据

园林景观设计与林业栽培 / 王法 , 穆静 , 封学德著
. -- 长春 : 吉林科学技术出版社 , 2022.4
ISBN 978-7-5578-9417-7

Ⅰ . ①园… Ⅱ . ①王… ②穆… ③封… Ⅲ . ①园林设
计—景观设计②林木—栽培技术 Ⅳ . ① TU986.2 ② S72

中国版本图书馆 CIP 数据核字 (2022) 第 113597 号

园林景观设计与林业栽培

著	王 法 穆 静 封学德	
出 版 人	宛 霞	
责任编辑	管思梦	
封面设计	刘梦杏	
制 版	刘梦杏	
幅面尺寸	170mm×240mm 1/16	
字 数	145 千字	
页 数	134	
印 张	8.5	
印 数	1-1500 册	
版 次	2022 年 4 月第 1 版	
印 次	2023 年 3 月第 1 次印刷	

出 版 吉林科学技术出版社
发 行 吉林科学技术出版社
地 址 长春市福祉大路 5788 号
邮 编 130118
发行部电话 / 传真 0431-81629529 81629530 81629531
　　　　　　　　　 81629532 81629533 81629534
储运部电话 0431-86059116
编辑部电话 0431-81629518
印 刷 三河市嵩川印刷有限公司

书 号 ISBN 978-7-5578-9417-7
定 价 58.00 元

PREFACE

　　景观设计具有美化环境的功能，而美化环境能够促进人和自然以及人和人之间的和谐相处，从而创造可持续发展的环境文化。合理的空间尺度，完善的环境设施，喜闻乐见的景观形式，让人更加贴近生活。而园林景观设计是城市规划中的重要组成部分，随着社会不断发展进步，城镇化步伐也在加快，园林景观设计在城市规划中的作用也越发重要起来。因此，深入开展城市规划与园林景观设计研究，有着十分重要而现实的意义。本书同时也针对造林技术与林地栽培管理等进行了较为系统的阐述。

　　由于笔者水平所限及本书带有一定的探索性，因此本书的体系可能还不尽合理，书中疏漏错误也在所难免，恳请读者和专家批评指正。

CONTENTS

第一章　园林景观设计与规划

第一节　园林景观设计概念与特征

一、园林景观设计概念

17世纪，随着欧洲自然风景绘画的繁荣，"景观"成为专门的绘画术语，专指陆地风景画。在现代，景观的概念更加宽泛，加入了园林的广义范畴。地理学家把它看成一个科学名词，定义为一种地表景象；生态学家把它定义为生态系统或生态系统的系统；旅游学家把它作为一种资源来研究；艺术家把它看成表现与再现的对象；建筑师把它看成建筑物的配景或背景；园林景观开发商则把它看成是城市的街景立面，园林中的绿化、小品和喷泉叠水等。因此一个更广泛而全面的定义是：园林景观是人类环境中一切视觉事物的总称，它可以是自然的，也可以是人为的。

英国规划师戈登·卡伦在《城市景观》一书中认为：园林景观是一门"相互关系的艺术"。也就是说，视觉事物之间构成的空间关系是一种园林景观艺术。比如一座建筑是建筑，两座建筑则是景观，它们之间的"相互关系"则是一种和谐、秩序之美。园林景观作为人类视觉审美对象的定义一直延续到现在，但定义背后的内涵和人们的审美态度则有了一些变化。从最早的"城市景色、风景"到"对理想居住环境的图绘"，再到"注重内在人的生活体验"。现在，我们把园林景观作为生态系统来研究，研究人与人、人与自然之间的关系。因此，园林景观既是自然景观，也是文化景观和生态景观。

从设计的角度来谈景观，它则带有更多的人为因素，这有别于自然生成的景观。园林景观设计是对特定环境进行的有意识的改造行为，从而创造了具有一定社会文化内涵和审美价值的景物。

园林景观设计对景观设计提出了更高的艺术要求，它以艺术设计学的设计方法为基础对景观设计进行研究，艺术的形式美及设计的表现语言一直贯穿于整个景观设计的过程中。园林景观设计属于环境设计的范畴，是以塑造建筑外部空间的视觉形象为主要内容的艺术设计。它的设计对象涉及自然生态环境、人工建筑环境、人文社会环境等各个领域，它是依据自然、生态、社会、行为等科学的原则从事规划与设计，按照一定的公众参与程序来创作，融合于特定公众环境的艺术作品，并以此来提升、陶冶和丰富公众审美经验的艺术。园林景观设计是一个充分控制人的生活环境品质的设计过程，也是一种改善人们使用与体验户外空间的艺术。

园林景观设计是一门综合性和边缘性很强的学科，其内容不但涉及艺术、建筑、园林和城市规划学，而且与地理学、生态学、美学、环境心理学、文化学等多种学科相关。它吸收了这些学科的研究方法和成果，例如：设计概念以城市规划专业总揽全局的思维方法为主导；设计系统以艺术与建筑专业的构成要素为主体；环境系统以园林景观专业所涵盖的内容为基础。园林景观设计是一门集艺术、科学、工程技术于一体的应用学科，因此，它要求设计者具备与此相关的诸多学科的广博知识。

园林景观设计的形成和发展是时代赋予的使命。城市的形成是人类改变自然景观、重新利用土地的结果。但是在这一过程中，人类不尊重自然，肆意破坏地表、气流、水文、森林和植被。特别是在工业革命以后，人类建成了大量的道路、住宅、工厂和商业中心，许多城市由柏油、砖瓦、玻璃和钢筋组成，这些努力建立的城市已经离自然景观相去甚远。人类也随之遭到了报复，因远离大自然而产生的心理压迫和精神桎梏、人满为患、城市热岛效应、空气污染、光污染、噪声污染、水环境污染等都使人们的生存品质不断降低。

二、园林景观设计特征

(一) 多元化

园林景观设计的构成元素和涉及的问题较综合，具有多元化特点，这种多元性体现在与设计相关的自然因素、社会因素的复杂性以及设计目的、设计方法、实施技术等方面的多样性上。

与园林景观设计有关的自然因素包括地形、水体、动植物、气候、光照等自然资源，分析并了解它们之间的关系对设计的实施非常关键。例如，不同的地形会影响景观的整体格局，不同的气候条件则会影响景观内栽植的植物种类。

社会因素也是园林景观设计多元化的重要原因。园林景观是一门艺术，但与纯艺术不同的是，它面临着更为复杂的社会问题和使用问题的挑战，因为现代园林景观设计的服务对象是大众。现代信息社会的多元化交流以及社会科学的发展，使人们对景观的使用目的、空间开放程度和文化内涵的需求有着很大的不同，这些会在很大程度上影响景观的设计形式。为了满足不同年龄、不同受教育程度和不同职业的人对景观环境的感受力，园林景观设计必然会呈现多元化的特点。

（二）生态性

生态性是园林景观设计的第二个特征。无论在怎样的环境中建造，园林景观都与自然有着密切的联系，这就必然涉及景观与人类、自然的关系问题。在环境问题日益突出的今天，生态性已引起了景观设计师的重视，融入水景是必然要素。

美国宾夕法尼亚大学的景观建筑学教授麦克哈格提出了"将园林景观作为一个包括地质、地形、水文、土地利用、植物、野生动物和气候等决定性要素相互联系的整体来看待"的观点。把生态理念引入园林景观设计中，就意味着设计要尊重物种多样性，减少对资源的掠夺，保持营养和水循环，维持植物环境和动物栖息地的质量；尽可能地使用再生原料制成的材料，尽可能地将场地上的材料循环使用，最大限度地发挥材料的潜力，减少因生产、加工、运输材料而消耗的能源，减少施工中的废弃物；要尊重地域文化，并保留当地的文化特点。

例如，生态原则的重要体现就是要高效率地用水，减少水资源消耗。因此，园林景观设计项目就须考虑利用雨水来解决大部分的景观用水问题，甚至能够实现完全自给自足，从而实现对城市洁净水资源的零消耗。园林景观设计对生态的追求与对功能和形式的追求同样重要，有时甚至超越了后两者，占据了首要位置。园林景观设计是人类生态系统的设计，是一种基于自然系统自我有机更新能力的再生设计。

（三）时代性

园林景观设计富有鲜明的时代特征，从过去注重视觉美感的中西方古典园林景观，到当今生态学思想的引入，园林景观设计的思想和方法发生了很大变化，也大大影响甚至改变了景观的形象。现代园林景观设计不再仅仅停留于"堆山置石""筑池理水"的层面，而是上升到提高人们生存环境质量，促进人居环境可持续发展的层面上。

在古代，园林景观的设计多停留在花园设计的狭小天地，而今天，园林景观设计涉及更为广泛的环境设计领域，它的范围包括新城镇的景观总体规划、滨水景观带、公园、广场、居住区、校园、街道及街头绿地，甚至花坛的设计等，几乎涵盖了所有的室外环境空间。如今园林景观设计的服务对象也有了很大不同。古代园林景观是让皇亲国戚、官宦富绅等少数统治阶层享用的，而今天的园林景观设计则是面向大众、面向普通百姓，充分体现出了一种人性化关怀。

随着现代科技的发展与进步，越来越多的先进施工技术被应用到景观中，人们突破了沙、石、水、木等天然的、传统的施工材料的限制，开始大量地使用塑料制品、光导纤维、合成金属等新型材料来制作景观作品。例如，塑料制品现在已被普遍地应用于公共雕塑、景观设计等方面，而各种聚合物则使轻质的、大跨度的室外遮蔽设计更加易于实现。施工材料和施工工艺的进步，大大增强了景观的艺术表现力，使现代园林景观更富生机与活力。园林景观设计是一个时代的写照，是当代社会、经济、文化的综合反映，这就使得园林景观设计带有明显的时代烙印。

第二节　国内外园林景观

一、中国园林景观

(一) 汉代以前生成期

汉代以前包括商、周、秦、汉，是园林产生和成长的幼年期。奴隶社会后期的商末周初，产生了中国园林的雏形，它是一种苑与台相结合的形式。苑是指圈定的一个自然区域，在里面放养着众多野兽和鸟类。苑主要作为狩猎、采樵、游憩之用，有明显的人工猎物的性质。台是指园林里面的建筑物，是一种人工建造的高台，供观察天文气象和游憩眺望之用。公元前11 世纪，周文王筑灵台、灵沼、灵囿，这可以说是最早的皇家园林。

秦始皇灭诸侯统一全国后，在都城咸阳修建上林苑，苑中建有许多宫殿，最主要的一组宫殿建筑群是阿房宫。苑内森林覆盖，树木繁茂，成为当时最大的一座皇家园林。

在汉代，皇家园林是造园活动的主流形式，它继承了秦代皇家园林的传统，既保持了其基本特点又有所发展、充实。这一时期，帝苑的观赏内容明显增多，苑已成为具有居住、娱乐、休息等多种用途的综合性园林。汉武帝时扩建了上林苑，苑内修建了大量的宫、观、楼、台供游赏居住，并种植各种奇花异草，畜养各种珍禽异兽供帝王狩猎。汉武帝信方士之说，追求长生不老，在最大的宫殿建章宫内开凿太液池，池中堆筑 "方丈" "蓬莱" "瀛洲" 三岛来模仿东海神山，运用了模拟自然山水的造园方法和池中置岛的布局形式。从此以后，"一池三山" 成为历来皇家园林的主要模式，一直沿袭到清代。汉武帝以后，贵族、官僚、地主、商人广置田产，拥有大量奴隶，过着奢侈的生活，并出现了私家造园活动。这些私家园林规模宏大，楼台壮丽。在西汉就出现了以大自然景观为师法的对象、人工山水和花草房屋相结合的造园风格，这些已具备了中国风景式园林的特点，但尚处于比较原始、粗放的形态。在一些传世和出土的汉代画像砖、画像石和明器上面，我们能看到汉代园林的形象，现代旅游景点也纷纷效仿汉代园林景观建筑。

（二）魏晋南北朝转折期

魏晋南北朝是我国古典园林发展史上的转折期。造园活动普及于民间，园林的经营完全转向于以满足人们物质和精神享受为主，并升华到艺术创作的新境界。魏晋之际，社会动荡不安，士族阶层深感生死无常、贵贱聚变，大都崇尚玄谈，寄情山水、讴歌自然景物和田园风光的诗文涌现于文坛，山水画也开始萌芽。这些都促进了知识分子阶层对大自然的再认识，使之从审美角度去亲近自然。人们对自然美的鉴赏，取代了过去对自然所持的神秘、敬畏的态度，这也成为后来中国古典园林美学思想的核心。当时的官僚士大夫虽身居庙堂，但热衷于游山玩水。为了实现避免跋涉之苦和长期拥有大自然山水风景的愿望，他们纷纷造园。文人、地主、商人竞相效仿，私家园林便应运而生。

私家园林，特别是依照大城市邸宅而建的宅园，由于地段条件、经济力量和封建礼法的限制，规模不可能太大。如果想在有限的面积里全面体现大自然山水景观，就必须依赖"小中见大"的规划设计。人工山水园的筑山理水不能再像汉代私园那样大规模地运用单纯写实模拟的手法，而应对大自然山水景观适当地加以提炼概括，由此出现了造园艺术写意创作方法的萌芽。例如，在私家园林中，叠石为山的手法较为普遍，并开始出现单块美石的欣赏；园林理水的技巧比较成熟，水体丰富多样，并在园内占有重要位置；园林植物种类繁多，并能够与山水配合成为分割园林空间的手段；园林建筑力求与自然环境相协调，一些"借景""框景"等艺术处理手法频繁使用。总之，园林的规划设计向着精致细密的方向发展，造园成为一门真正的艺术。

皇家园林受当时民间造园思潮的影响，由典型的再现自然山水的风雅意境取代了单纯地模仿自然界，因而苑囿风格有了明显改变。汉代以前盛行的畋猎苑囿，开始被大量地开池筑山、以表现自然美为目标的园林所代替。

（三）唐宋全盛期

唐宋时期的园林在魏晋南北朝所奠定的风景式园林艺术的基础上，随着封建经济、政治和文化的进一步发展而臻于全盛的局面。唐代的私家园林较之魏晋南北朝更为兴盛，普及范围更广。当时首都长安城内的宅园几乎遍布各里坊，城南、城东近郊和远郊的"别业""山庄"亦不在少数，皇室贵戚的私园大都崇尚豪华。园林中少不了亭台楼阁、山池花木、造景假山。这一时期，文人参与造园活动，促成了文人园林的兴起。唐代的皇家园林规模宏大，这反映在园林的总体布局和局部的设计处理上。园林的建筑趋于规范化，大体上形成了大内御苑、行宫御苑和离宫御苑的类别，体现了一种"皇家气派"。

在宋代，由于相对稳定的政治局面和农业手工业的发展，园林也在原有基础上渗入到地方城市和社会各阶层的生活中，上至帝王，下至庶民，无不大兴土木、广营园林。皇家园林、寺庙园林、城市公共园林大量修建，其数量之多、分布之广，是宋代以前见所未见的。其中，私家造园活动最为突出，文人园林大为兴盛，文人雅士把自己的世界观和欣赏趣味在园林中集中表现出来，创造出一种简洁、雅致的造园风格，这种风格几乎涵盖了私家造园活动，同时还影响到皇家园林。宋代苏州的沧浪亭（文人园）为现存最为悠久的一处园林。宋代的城市公共园林发展迅速，例如，西湖经南宋的继续开发，已成为当时的风景名胜游览地。建置在环湖一带的众多小园林中，既有私家园林又有皇家园林，诸园各抱地势，借景湖山，人工与天然凝为一体。

唐代园林创作写实与写意相结合的手法，到南宋时大体已完成其向写意的转化。由于受禅宗哲理以及文人画写意画风的直接影响，园林呈现为"画化"的特征，景题、匾额的运用又赋予了园林"诗化"的特征。它们不仅抽象地体现了园林的诗画情趣，也深化了园林的意境蕴涵，而这正是中国古典园林所追求的境界。唐宋时期的园林艺术深深影响了一衣带水的邻国日本当时的造园风格，日本几乎是模仿中国的造园艺术。

（四）明清成熟期

明清园林继承了唐宋的传统并经过长期安定局面下的持续发展，无论是造园艺术还是造园技术都十分成熟，这代表了中国当时造园艺术的最高成就。

与历史相比，明清时期的园林受诗文绘画的影响更大。不少文人画家也是造园家，而造园匠师也多能诗善画，因此造园的手法以写意创作为主，这种写意风景园林所表现出来的艺术境界也最能体现当时文人所追求的"诗情画意"。这个时期的造园技艺已经成熟，丰富的造园经验经过不断积累，由文人或文人出身的造园家总结为理论著作刊行于世，这是前所未有的，如明代文人计成所著的《园治》。

明清私家园林以江南地区宅园的水平最高，数量也多，主要集中在现在的南京、苏州、扬州、杭州一带。江南是明清时期经济最发达的地区，经济的发达促进了地区文化水平的不断提高，这里文人辈出，文风之盛居于全国之首。江南一带风景绚丽、河道纵横、湖泊星罗棋布，生产造园用的优质石料，民间的建筑技艺精湛，加之土地肥沃、气候温和湿润、树木花卉易于生长等，这些都为园林发展提供了极有利的物质条件和得天独厚的自然环境。

江南私家园林保存至今有为数甚多的优秀作品，如拙政园、寄畅园、留园、网师园等，这些优秀的园林作品如同人类艺术长河中熠熠生辉的珍珠。江南私家园林以其深厚的文化积淀、高雅的艺术格调和精湛的造园技巧在民间私家园林中占有首要地位，成为中国古典园林发展史上的一个高峰，代表着中国风景式园林艺术的最高水平。

清代皇家园林的建筑规模和艺术造诣都达到了历史上的高峰境地。乾隆皇帝六下江南，对当地私家园林的造园技艺倾慕不已，遂命画师临摹绘制，以作为皇家建园的参考，这在客观上使得皇家园林的造园技艺深受江南私家园林的影响。但皇家园林规模宏大，是绝对君权的集权政治的体现。清代皇家园林造园艺术的精华几乎都集中于大型园林，尤其是大型的离宫御苑，如堪称三大杰作的圆明园、颐和园（清漪园）、承德避暑山庄。

随着封建社会的由盛而衰，园林艺术也从高峰跌落至低谷。清乾隆、嘉庆时期作为中国古典园林的最后一个繁荣时期，它既承袭了过去全部的辉煌成就，也预示着末世衰落的到来。到咸丰、同治以后，外辱频繁、国事衰弱，再没有出现过大规模的造园活动，园林艺术也随着我国沦为半殖民地半封建社会而逐渐进入一个没落、混乱的时期。

二、外国园林景观

(一) 日本缩景园

日本庭院受中国唐代"山池院"的影响，逐渐形成了日本特有的"山水庭"。山水庭十分精致小巧，它模仿大自然风景，缩影于庭院之中，像一幅自然山水画，以石灯、洗手钵为陈设品，同时还注意色彩层次和植物配置。日本传统园林有筑山庭、平庭、茶庭三大类。

1. 筑山庭

筑山庭是人造山水园，是集山峦、平野、溪流、瀑布等自然风光精华的表现。它以山为主景，以重叠的山水形成近山、中山、远山、主山、客山，焦点为流自山间的瀑布。山前一般是水池或湖面，池中有岛，池右为"主人岛"，池左为"客人岛"，中间以小桥相连。山以堆土为主，上面植盆景式乔木、灌木模拟山林，并布置山石象征石峰、石壁、山岩，形成自然景观的缩影。

缩影园供眺望的部分称"眺望园"，供观赏游乐的部分称"逍遥园"。池水部分称"水庭"。日本筑山庭另有"枯山水"，又称"石庭"。其布置类似筑山庭，但没有真水，而是以卵石、沙子划成波浪，虚拟成水波，置石组模拟岛屿，以表现出岛国的情趣。

2. 坪庭

坪庭一般布置在平坦的园地上，设置一些聚散不等、大小不一的石块，布置石灯笼、植物、溪流象征原野和谷地，岩石象征真山，树木代替森林。平庭也有用枯山水做法，以沙做水面的。

3. 茶庭

茶庭只是一小块庭地，与庭园其他部分隔开，布置在筑山庭式平原之中，四周用竹篱或木栅栏围合，由小庭门入内，主体建筑是茶道仪式的茶屋。茶庭是以主体建筑——茶道仪式的茶屋而衍生出的小庭园，一般是进茶屋的必经之园。进入茶庭时，先洗手后进茶屋，茶庭内必设洗手水钵、石灯笼，而一般极少用鲜艳的花木，庭院和石山通常只是配置青苔，似深山幽谷般的清凉世界，是以远离尘世的茶道气氛引起人们沉思墨香的庭园。

（二）意大利台地园

意大利文艺复兴时期，造园艺术成就很高，在世界园林史上占有重要位置。当时的贵族倾心于田园生活，往往迁居到郊外或海滨的山坡上，依山建庄园别墅，其布局采用几何图案的中轴对称形式。园林下层种花草、灌木作花坛；中上层为主体建筑，植物栽培与修剪注意与自然景观的过渡关系，靠近建筑部分逐渐减弱规则式风格。由内向外看，即从整体修剪的绿篱到不修剪的树丛，然后是大片园外的天然树木。这种带有过渡层次的园林称为台地园。

台地园里的植物以常绿树木石楠、黄杨、珊瑚树为主，采取规划图案的绿篱造型，以绿色为基调，给人以舒适、宁静的感觉。高大的树木既遮阴又常用作分隔园林空间的材料，很少用色彩鲜艳的花卉。意大利台地园在山坡上建园，视野开阔，有利于俯视观览与远眺借景，也有利于山上的山泉引水造景。水景通常是园内的一个主景，理水方式有瀑布、水池、喷泉、壁泉等，既继承了古罗马的传统，又有了新的内容。由于意大利位于阿尔卑斯山南麓，山陵起伏、草木繁盛，盛产大理石，因此，在风景优美的台地园中常设有精美的雕塑，形成了意大利台地园的特殊艺术风格。

（三）法国几何式宫苑

17~18 世纪的法国宫苑，是受意大利文艺复兴的影响，并结合本国的自然条件而创造出的具有法国独特风格的园林艺术。法国地势平坦，雨量适中，气候温和，多落叶、阔叶树林，因此，法国宫苑常以落叶密林为背景，广泛种植修剪整形的常绿植物。以黄杨、紫杉作图案树坛，丰富的花草作图案花坛，再利用平坦的大面积草坪和浓密的树林衬托华丽的花坛。行道树以法国梧桐为主，建筑物附近有修剪成形的绿篱，如黄杨、珊瑚树等。

法国宫苑规划精致开朗，层次分明，疏密对比强烈；水景以规划河道、水池、喷泉以及大型喷泉群为主，在水面周围布置建筑物、雕塑和植物，增加景观的动感、倒影和变化效果，以此扩大园林的空间感。路易十四建造的凡尔赛宫是法国宫苑的杰出代表。

（四）英国风景园

15世纪以前，英国园林风格比较朴实，以大自然草原风光为主。16~17世纪，受意大利文艺复兴的影响，一度流行规整式园林风格。18世纪，由于浪漫主义思潮在欧洲兴起，出现了追求自然美、反对规整的人为布局。中国自然式山水园林被威廉·康伯介绍进来后，英国一度出现了崇尚中国式园林的时期。直至产业革命后，牧区荒芜，在城郊提供了大面积造园的用地条件下才出现了英国自然式风景园。

英国风景园有自然的水池、略有起伏的大片草地，道路、湖岸、树木边缘线采用自然圆滑的曲线，树木以孤植、丛植为主，植物采用自然式种植，种类繁多、色彩丰富，经常以花卉为主题，并且有小型建筑点缀其间。小路多不铺装，任人在草地上漫步运动，追求田园野趣。园林的界墙均做隐蔽处理，过渡手法自然，并且把园林建立在生物科学基础上，发展成主题类型园，如岩石园、高山植物园、水景园、沼泽园，或是以某种植物为主题的蔷薇园、鸢尾园、杜鹃园、百合园、芍药园等。

第三节　园林规划设计

一、园林规划设计的依据与原则

（一）园林规划设计的依据

1. 科学依据

在风景园林规划与景观设计中，要依据有关工程项目的科学原理和技术要求设计。风景园林规划与景观设计涉及科学技术方面的很多问题，有水利的、土方工程技术方面的，也有建筑科学技术方面的，还有园林植物和动物方面的生物科学知识。因此，风景园林规划与景观设计的首要问题是要有科学依据。

2. 社会需要

园林属于上层建筑范畴，它要反映社会的意识形态，为广大群众的精神与物质文明建设服务。《公园设计规范》指出：园林是完善城市四项基本职能中游憩职能的基地。因此，园林设计师要体察广大人民群众的心态，了解他们对公园开展活动的要求，创造出能满足不同年龄、不同兴趣爱好、不同文化层次的游人需要的园林，要面向大众。

3. 功能需要

园林设计者要根据广大群众的审美要求、活动规律、功能要求等，创造出景色优美、环境卫生、情趣健康、舒适方便的园林空间，满足游人的游览、休息和开展健身娱乐活动等功能要求。不同的功能分区要选用不同的设计手法，如儿童活动区要求交通便捷，一般要靠近主要出入口，并要结合儿童的心理特点。该区的园林建筑造型要新颖，色泽要鲜艳，尺度要小，符合儿童的身高，植物无毒无刺，空间要开放，形成生动活泼的景观气氛。

4. 经济条件

经济条件是风景园林规划与景观设计中的重要依据。同样一处景观，甚至同一个方案，采用的建筑材料不同，苗木规格不同，施工的标准不同，将需要不同的建园投资。园林设计师应当在有限的投资条件下，发挥最佳设计技能，节省开支，以创造出最理想的作品。

(二) 园林规划设计的原则

1. 适用原则

不同的园林有不同的功能要求，需要深入分析和了解。园林的功能要求虽然是首要的，但是它并不是孤立的，因此在解决功能问题时，要结合经济上的可行性和艺术上的要求来考虑。

2. 经济原则

园林是否能够建成其规模和内容，包括建成后的维护管理水平，在很大程度上受限于经济条件。总的来说，园林建设应尽量降低造价、节约投资，使园林建设发展水平与国家、地区或单位的经济实力相适应，否则再好的设计也是难以实现的。

3. 美观原则

园林中的美观是指园林除了满足功能要求以外，还要考虑游人的审美情趣，满足游人赏景的要求。如游览路线的安排、树木及花草的搭配、园林空间的组织、色彩的运用等方面，都要遵循一定的艺术原理，以达到风景优美的效果，使游人喜闻乐见，心情舒畅而流连忘返。

4. 生态原则

园林建设中，还要考虑园林的生态环境效益。景观生态、环境美学的理论就是适应生态原则而产生的。现代景观中，国家公园的出现和城市生态系统工程的提出，也是从生态学的观点出发，在人类生存的环境中保持良好的生态系统。

二、园林规划设计的基本方法

(一) 园林规划设计过程

各种园林项目的设计都要经过由浅入深、从粗入细、不断完善的过程。在设计中，每个阶段有不同的内容，需要解决不同的问题，对图面也有不同的要求。设计通常分5个阶段：任务书阶段、基地调查和分析阶段、方案设计阶段、详细设计阶段、施工图阶段。

(二) 基地调查和分析的内容

1. 基地现状调查的内容

基地现状调查包括收集与基地有关的技术资料和进行实地勘察、测量两部分。基地现状调查的内容有基地自然条件：地形、水体、土壤、植被；气象资料：日照条件、温度、风、降雨、小气候；人工设施建筑及构筑物、道路和广场、各种管线；视觉质量：基地现状景观、环境景观、视阈；基地范围及环境因子：物质环境、知觉环境、小气候、城市规划法规。

2. 基地分析

基地分析是在客观调查和主观评价的基础上，对基地及其环境的各种因素做出综合性的分析与评价，使基地的潜力得到充分发挥。

3.资料表示

在基地调查和分析时，所有资料应尽量用图面和图解并配以适当的文字说明的方式表示，并做到简明扼要。这样的资料才直观、具体、醒目，给设计带来方便。

(三)园林规划设计的基本方法

1.注重构思立意

方案构思的优劣能决定整个设计的成败。好的设计在构思立意方面多有独到和巧妙之处。提高设计者构思的能力需要设计者在自身修养上多下功夫，除了掌握本专业领域的知识外，还应注重诸如文学、美术、音乐等方面知识的积累，平时还要善于观察和思考，学会评价和分析好的设计，从中汲取有益的东西。

2.确定形式

园林形式的确定应该依据以下几点：园林的性质、不同的传统文化。意识形态的不同决定了园林的表现形式也不同。

3.充分利用场地

对场地进行充分的分析，提前做好场地规划和方案设计，能够使得设计有的放矢。

4.视线分析

视线分析是园林设计中处理景观和空间关系的有利方法，包括视阈、最佳视角与视距、确定各景之间的构图关系。

三、园林构景元素

任何一种艺术和设计学科都具有特殊的、固有的表现方法。园林设计也是如此，只有利用这些手法，才能把作者的构思、情感、意图变成实际的形象，即具有三维空间的园林艺术形象，创造出舒适的优美环境，供人观赏、游览。园林设计就是将地形（包括水体）、植物、园林建筑、广场与园路园林景观设施等设计要素有机地组合，构成一定的特殊的园林形式，表达某一性质、某一主题思想的园林作品。大千世界，各国形形色色的园林形式的构成可以归纳为若干要素，即无论任何一种形式的园林都由以下这些要素所组成。

(一) 地形

地形是构成园林的骨架，主要包括平地、土丘、丘陵、山峦、山峰、坪、谷地等类型。对地形要素的利用与改造，将影响到园林形式、建筑布局、植物配置、景观效果、给排水工程、小气候等诸多因素。

(二) 水体

水体是地形组成中不可缺少的部分。水是园林的灵魂，是园林的"生命"。中国园林以山水为特色，水因山转，山因水活。水体能使园林产生很多生动活泼的景观，形成开朗明净的空间和透景线，是园林造景的重要因素之一。水体的分类有多种方法：

1.按水体的使用功能，可分为观赏水体和开展水上活动的水体两类。观赏的水体可以较小，主要为构景之用，水面有波光倒影，又能成为风景的透视线，水体可设岛、堤、桥、点石、雕塑、喷泉、落水以及种植水生植物等，岸边可做不同处理，构成不同景色。开展水上活动的水体，一般水面较大，有适当的水深，水质好，活动与观赏相结合。

2.按水流的状态，可分为静态水体和动态水体。静态水体反映出倒影、粼粼的微波、潋滟的水光，给人以明洁、清宁、开朗或幽深的感受，如园林中的海、湖、池、塘、潭、沼、井等；动态的水体有湍急的溪流、涌泉、壁泉或瀑布等，给人以欢快清新、变幻多彩的感觉。

(三) 植物

植物是园林设计中有生命的题材。植物要素包括乔木、灌木、花卉、草坪地被、水生植物、攀援植物等。植物的四季景观，本身的形态、色彩、芳香习性等都是园林造景的艺术题材。园林植物与地形、水体建筑、山石、雕塑等的有机配置，形成了优美、雅静的环境和艺术效果。美丽的景色让人触景生情，流连忘返，孕育和产生诗情画意的美好心境。而树木花草的色彩及沁人心脾的清香，则更让人享受到陶醉于自然怀抱的美感，在欣赏大自然中达到养目清心、充沛精力的效果，真正感受到大自然的温馨。

在实际工程中，使用这些植物材料以求得最佳环境和生态效果，需要遵循客观规律，尊重科学，熟悉植物的生物学特性及美学特征；了解人们的审美心理，合理、科学地设计和配置。常用的植物配置方法有孤植、对植、群植、列植等。无论是哪种配置方法，其最终所追求的目标只有一个，即创造优美、宜人的生态环境景观。

园林中除了考虑植物要素外，自然界往往是动植物共生共荣构成的生物生态景观。在条件允许的情况下，动物景观的规划，如观鱼乐、听鸟鸣、莺歌燕舞、鸟语花香等将为园林增色不少。

(四) 园林建筑

园林建筑是园林与建筑两者的有机融合，也可以进一步理解为人工与自然的有机融合。为了适应不同环境的需要，古代园林中建筑物的单体造型分为厅、堂、室、房、亭、台、楼、阁、廊、桥、轩等，其形式更是多种多样；但无论采用何种形式，都要根据园林设计的立意、功能要求、造景等需要，而且必须考虑适当的建筑和建筑的组合。功能不同、形式各异，才会使景点更加具有个性。此外，还要考虑建筑的体量、造型、色彩以及与其配合的假山艺术、雕塑艺术、园林植物、水景等诸多要素的安排，并要求精心构思，使园林中的建筑起到画龙点睛的作用。

园林建筑空间组合手法包括建筑物和山、水、植物等各种自然景物的搭配，空间组合的形式不外乎三大类：一类是以建筑物为中心，围以自然景物，形成开敞、外向型空间；另一类是以自然景物为中心，围以人工建筑物，形成封闭内聚型空间；第三类是介于以上两者之间，建筑物与自然景物互为穿插、渗透，形成开敞与封闭、内聚与外向兼有的空间形式。在做园林设计时，应按不同的功能、地形、地貌条件和园林规模因地制宜，灵活采用。

(五) 广场与园路

广场是现代园林空间的重要节点，是集聚人流的重要休闲场所。而园路则是观赏园林景观的行走路线，是园林中的动线。园路是根据园内的动线考虑设计的，要考虑与园林景观的有机结合，使行走中景观变化丰富，步移景异，以视觉的变化带动心理的变化，以轻松愉快的心情来弥补游园过程中的乏味，并达到健身的目的。

广场与园路、建筑的有机组合，对园林形式起着决定性的作用。广场与园路的形式可以是规则的，也可以是自然的，或自由曲线流线型的。广场和园路的系统将构成园林的脉络，并且起到在园林中交通组织和联系的作用。此外，对于广场和园路铺装材料的选用，要考虑到园林整体景观风格、各种环境因素及排水方便等问题，尽可能做到科学、经济和合理。

（六）园林小品设施

园林小品设施是园林构成中不可缺少的组成部分，它使园林景观更富有表现力。园林景观设施的造型是建立在符合人的尺度基础上的，在满足人的使用功能的同时，还要注重在形式美感和审美心理上做设计考虑。设计考虑是放置在特定环境中的考虑，不能脱离现实环境。无论是在造型、色彩上，还是在材料的使用上，都应该整体、全面地立足于以人为本，处理好功能与使用、行为与心理、艺术与技术等诸多问题。园林小品设施一般包括园林雕塑、花坛、花钵、休息设施、便利设施等。

1. 园林雕塑

园林雕塑在园林中往往是视觉的中心。雕塑有纪念性雕塑、标志性雕塑、象征性雕塑、装饰性雕塑。雕塑的材料种类也是多种多样，有铜、不锈钢、花岗岩、石头、木材、混凝土、水泥、砖块黏土等。

园林雕塑的作用在于：在周围环境中往往用雕塑来达到添加一个新园林景观的目的，或是用雕塑点缀景观，让景观更加突出。园林雕塑是衬托环境景观或点缀气氛的艺术品。雕塑造型一定要具有较高的艺术欣赏价值，它代表和体现了一个地区、一个历史阶段的文化艺术发展水平。因此，在进行雕塑造型设计时，一定要反复推敲、精心研究，设计出凝聚艺术精华的精品雕塑。

2. 花坛、花钵

花坛、花钵在园林中随处可见，造型也多种多样，材料有砖、石、木、水泥制品等。花坛、花钵的设计不仅要考虑外观设计，还要注意花坛的排水性，否则花坛会积水，从而影响植物生长。花坛、花钵作为园林中的装饰因素，首先要考虑的是造型问题；另外，在设计中不能只考虑花坛、花钵的外形，更重要的是要考虑其内部的植物色彩造型。

3.休息设施

休息设施一般有座椅、长凳桌椅、休息亭等，它不仅可以作休息之用，同时也是装饰点缀园林景观的要素。园椅的类型有单个的和组合的，组合形式多种多样，有开放式的，也有相对封闭式的。园椅还可以作为装饰物，点缀环境。园椅的材料有很多，如木材、石材、陶瓷、塑料、水泥砖砌等，其中木材与人最有亲和感。在一个完整的景观区域中，园椅的材料和造型要尽可能统一协调，和周围景物要有关联。

4.便利设施

便利设施有很多，其包括标志牌、停车场、车障柱、饮水机、垃圾箱、电话亭、园灯、公共厕所等。无论是哪种便利设施，都是园林的重要造景因素，其对整个园林的作用是可想而知的。对于便利设施的规划设计，始终要做到"以人为本"，其前提是方便游人使用。

四、园林形式

虽然东西方在园林形式的表现上各具特色，但是在形式美的规律运用上却是相通的。从古至今，在很长的历史时期，园林形式都以规则式、自然式和混合式三种形式为主。在以自然为主体的中国自然山水园林中，也有局部规则式的布局，如北京颐和园的东宫门入口至仁寿堂的两个规则式的院落是严整的中轴对称布局；同样，18世纪的欧洲兴起的"中国园林热"，使欧洲也相继出现了自然风景园的自然式布局形式。

(一)规则式园林

规则式园林，又称为"几何式""整形式"或"对称式"园林。这种形式以意大利的台地园和法国勒诺特尔式的凡尔赛宫苑为典型代表。园林构图从属于建筑的布局，是使美丽的大自然从属于严格对称的人工造型的原则。我国南京市中山陵、北京市天安门广场绿化、广州市人民公园、哈尔滨市斯大林公园都是规则式布局。

（二）自然式园林

自然式园林，又称为"风景式""山水式"园林。这种以模拟自然风景为主导、人与自然融合的造园思想是中国哲学思想与审美意识的代表。中国园林从周朝开始，经历数代的发展，不论是皇家宫苑还是私家宅园，都以自然山水园林为源泉。发展到清代，保留至今的皇家园林，如颐和园、承德避暑山庄、圆明园；私家宅园，如苏州的拙政园、网师园等，都是自然山水园林的代表作品。

（三）混合式园林

混合式园林是综合规则和自然两种类型的特点，把它们有机地结合起来。这种形式应用于现代园林中，既可发挥自然式园林布局设计的传统手法，又能吸收西方规则式布局的特点，创造出既有整齐明朗、色彩鲜艳的规则式部分，又有丰富多彩、变化无穷的自然式部分。混合式园林的主要特征：这类园林通常是在较大的现代园林建筑周围或构图中心，采用规则式布局；在远离主要建筑物的部分，采用自然式布局。因为规则式布局易与建筑的几何轮廓线相协调，而且较宽广明朗，然后利用地形的变化和植物的配置逐渐向自然式过渡。这种类型在现代园林中应用甚广。实际上，大部分园林都有规则部分和自然部分，只是各自所占的比重不同而已。

在做园林设计时，选用何种类型不能单凭设计者的主观愿望，而是要根据功能要求和客观的可能性。譬如，绿地若位于大型公共建筑物前，则可做规则对称式布局；绿地若位于具有自然山水地貌的郊区，则宜用自然式；绿地若地形比较平坦，周围自然风景秀丽，则可采用混合式。

五、园林风格

（一）中国园林风格

中国的造园不但历史悠久，而且以其独特的民族风格和高度的艺术成就著称于世，并对西方的造园艺术产生了深远的影响。"中国是世界园林之母"这一论断已为世界所公认。中国园林是一种自然山水式园林，追求天然之趣是中国园林的基本特征。它把自然美和人工美高度地结合起来，把艺术境界与现实生活融于一体，把社会生活、自然环境、人的情趣与美的理想水乳交融般地交织在一起，是既可坐、可行，又可游可居的现实的物质空间，它是人类认识、利用和改造自然的伟大创造。"清水出芙蓉，天然去雕饰""自然者为上品之上""虽由人作，宛自天开"，这些都成为评价中国园林艺术的最高标准。"外师造化，中得心源"成为中国造园艺术的基本信条。中国园林仿佛是一首描写自然美景的诗歌，也仿佛是一幅可以身临其境的立体山水画。它是绘画与文学结晶而成的美景，凝聚着中国人的美学观和思想感情。陈丛周的"中国园林是一首活的诗，一幅活的画，是一个活的艺术品"和程兆熊的"将中国之庭园花木视为一体，亦如将中国的山河大地视为一体"，正是对中国园林艺术风格的高度概括。

中国园林在造园原则上最忌讳一览而尽的做法，"水欲远，尽出之则不远；掩映断其脉，则远矣""合景色于草昧之中，味之无尽；擅风光于掩映之际，览而愈新"。中国园林的总体布局要求庭园重深、处处邻虚，空间上讲求"隔景""藏景"，要求循环往复，无穷无尽，在有限的空间范围内营造出无限的意趣。而在审美情趣上，则追求神似，不追求形似；只追求"似"，而不要求"是"。中国艺术之妙，就"妙在似与不似之间：太似为媚俗，不似为欺世"。唯其神似，才能"以少总多""情貌无遗"。

"智者乐水，仁者乐山"，这句话包含了中国园林的精髓：与自然关系密切；力求变化；对永久性的表现及其在伦理学和哲学上的先导。值得说明的是，中国园林崇尚自然的艺术风格不仅为当今中外不少知名人士所称道，并且在世界范围内发生的"回归自然"思潮中，也必将深深地影响着中国乃至世界园林建设的未来，具有积极的时代意义。

(二) 西方园林风格

以规则式为主流的西方园林与中国园林迥然不同。西方园林的造园艺术深受数理主义美学思想的影响，力求体现出严谨的理性，一丝不苟地按照纯粹的几何结构和数学关系发展，追求园林布局的图案化。"大自然必须失去它们天然的形状和性格，强迫自然接受对称的法则"，成为西方造园艺术的基本信条。正如西蒙德所说："西方人对自然作战，东方人以自身适应自然，并以自然适应自身。"

1. 建筑统率园林

在典型的西方园林里，总是有一座体积庞大的建筑物（或城堡兼宫殿，或城堡兼宅邸），矗立于园林中十分突出的中轴线的起点上。整座园林以此建筑物为基准，构成整座园林的主轴。园林的主轴线只不过是城堡建筑轴线的延伸。园林整体布局服从建筑的构图原则，在园林的主轴线上伸出几条副轴，布置宽阔的林荫道、花坛、水池、喷泉、雕塑等。

2. 整体布局体现严格的几何图案

在园林内辟建笔直的通路，在纵横道路交叉处形成小广场，呈点状分布水池、喷泉、雕塑或其他类型的建筑小品，水面被限制在整整齐齐的石砌池子里，其池子被砌成圆形、方形、长方形或椭圆形，池中布设人物雕塑和喷泉。园林树木严格整形修剪成锥体、球体、圆柱体，草坪、花坛则勾画成菱形、矩形、圆形等图案，一丝不苟地按几何图形修剪、栽植，绝不容许自然生长形状，被誉为"刺绣花坛""绿色雕刻"。

3. 布置大面积草坪

园林中，布置大面积草坪被视为室内地毯的延伸，故有室外地毯的美誉。

4. 追求整体对称性和一览无余

园林布局无层次，只有把游览视点提高，才能领略造园艺术的整体美。欧洲美学思想的奠基人亚里士多德认为，美要靠体积与安排，他在《西方美学家论美和美感》一书中说："一个非常小的东西不能美，因为我们的观察处于不可感知的时间内，以致模糊不清；一个非常大的东西不能美。例如，一个千里长的活东西，也不能美，因为不能一览而尽，看不到它的整一性。"他的这种美学时空观念，在西方造园中得到了充分的体现。西方园林中的建筑、水池、草坪、花坛，无一不讲究整体性，无一不讲究一览而尽，并以几何形的组合达到数的和谐。西方这种造园意趣被德国大哲学家黑格尔正确地概括为"露天的广厦"。"它们照例接近高大的宫殿，树木是栽成有规律的行列，形成林荫大道，修剪得很整齐，围墙也是修剪整齐的篱笆来造成的。这样，就把大自然改造成为一座露天的广厦。"尤其是法国园林，是"最彻底地运用建筑原则于园林艺术的"典型。

5.追求形似与写实

被恩格斯称赞为欧洲文艺复兴时期的艺术巨人之一的达·芬奇，认为艺术的真谛和全部价值就在于将自然真实地表演出来，事物的美"完全建立在各部之间神圣的比例关系上"。因此，西方人的审美情趣追求形似与写实，截然不同于中国人的审美情趣。西方园林艺术提出"完整、和谐、鲜明"三要素，体现出严谨的理性，完全排斥了自然。这些构图特点主要体现在法国古典主义造园艺术上。

综上所述，上述两种园林艺术风格的主要差异表现为：中国园林着眼于自然美，而西方园林则着眼于几何美、人工美。

第二章 园林景观设计原理

第一节 园林景观艺术与文化

一、园林景观艺术

园林景观是重要的文化载体和艺术形式，其背后凝结着一个民族对宇宙、自然、世界、人生的综合理解，蕴含着特定的哲学观念、人文精神和审美情趣。中国和西方社会都有着源远流长的园林景观艺术发展史。深刻认识中西园林景观艺术的外在表现形式和深层文化底蕴差异，对于促进二者的交流互鉴、创新发展，有着重大而深远的现实意义。

（一）中西景观园林艺术

1. 中国古典园林艺术

中国古典园林艺术是中国传统文化的重要组成部分，凝结着中国古代劳动人民的智慧、精神追求和艺术创造力。一般认为，先秦到秦汉时期是中国古典园林艺术的萌芽期。从殷商时期开始就有园林的记载，迄今已有三千多年的历史。"囿"是中国园林的最初形式：统治者圈定一定范围的地域，供王公贵族们狩猎和游乐；园林基本保持自然景观的原始状态，在功能上集审美与实用于一体。到了汉代，"囿"有了新的发展，形式上从原始化转为了日常化，景观构造上增添了宫殿楼宇等园景布置，既满足了王公贵族的狩猎享乐需要，又可供其商议朝政，初步具有了"园林"的性质。

魏晋南北朝是中国古典园林艺术的形成期。当时，社会民生欣欣向荣，士大夫阶层追求自然之美，游历名山大川成为社会上层的流行风尚。文人、画家纷纷将山水画所特有的意境和审美情趣融入园林景观创作中，寄情于山水之间，把造园艺术的风格由自然山水园林阶段推进到了写意山水园林阶段。

盛唐时期，幅员辽阔，经济发达，文化艺术交流频繁，中国古典园林艺术进入发展期。园林的社会功能从游赏逐渐发展为可游可居。宫廷御苑设计愈发精致，文学、书画艺术与造园技艺的完美融合进一步强化了写意山水园林的创作意境。建筑逐渐成为造景的主要手段，雕栏玉砌、亭台轩榭、奇花异石等造景元素广泛得到运用。造园者还注重将道家和儒家文化特有的审美趣味与道德追求融入风景园林的建造中，力图体现出与天地万物和谐共处的意境之美。

中国古典园林景观创作的高峰期在明清时期。这一时期出现了大量的皇家园林和私人园林。清代康熙到乾隆时期，兴建皇家园林最为活跃，如北京"圆明园""颐和园"等；江南园林则是私家园林的代表，如苏州"拙政园""留园"等。值得强调的是，明代《园治》一书的问世具有划时代的意义，是对历代造园艺术成果的系统总结，反映了明代园林艺术的特色和水平，对后世造园技艺的发展具有重要的指导意义。

2. 西方景观园林艺术

人类最早的园林出现于公元前16世纪的古埃及，从其遗留下来的古代墓画中可以看到规整的水槽和栽植物，以及狩猎的场地。这一时期，古埃及人因农耕需要而发明了几何学，并将几何学知识运用在了园林设计中。古希腊和古罗马时期则进一步发展了古埃及时期规则式园林的特点，建造了许多大型别墅园。园内有供居住的房屋、水池、草地和树林等，传统园林初具模型。

中世纪是西方园林艺术的形成时期。这一时期的园林艺术与人类活动联系密切，其中最具代表性的是伊斯兰式的园林艺术，伊斯兰式的园林构造大多以十字形水池或水渠为中心，建筑大都通透开敞且装饰精美华丽，住宅周围种植花卉，园内还有果园和休憩园地。

文艺复兴时期是西方传统园林艺术的快速发展期。艺术家们深入探讨了几何学、透视学在园林设计中的运用，并确立了体现理性人文主义精神的"形式美"原则。依据这种理性原则，造园家们在进一步发展古罗马别墅园林艺术样式的基础上，力求将人类意志和主体性置于园林设计建造的中心地位：建筑位于别墅园中轴线上，采用规则对称的格局；笔直的道路，修剪成形的树木；几何式的植坛，精巧的艺术构图；白色的大型雕塑群；可供观赏者俯瞰花园全貌的大型观景平台。

17世纪和18世纪是西方传统园林艺术发展的高峰期，出现了以意大利台地园、法国古典主义园林和英国风景式园林为代表的三种主要园林形式。其中，意大利园林追求巴洛克风格，强调对活泼线型的运用、景色充满戏剧性以及园区整体的透视效果；花坛、渠池等多采用多变的曲形线条，树木造型轻松，雕像主题多样。正如布阿依索《论造园艺术》中所言，不加以整理和安排的完美都是有缺陷的。按照这种艺术观点，人工美高于自然美，人工美的基本原则是变化的统一，这也是西方古典美学的典型观点。法国古典主义园林则更注重布局均衡、轴线对称以及精美的几何构图，从而把"形式美"原则发挥到了极致，充分体现了"唯理"的美学思想。凡尔赛宫是法国古典主义园林的代表作。与意大利和法国式的园林不同，英国风景式园林在浪漫主义运动的影响下体现了一种全新的园林形式：强调人的感性认识，认为自然是主体，园林是自然的一个组成部分；造园过程中淡化人工性和规则性；对绘画、诗歌等艺术形式的运用，强调感性色彩与浪漫情调，注重保持自然的原有形态。

(二) 中西景观园林的外在艺术特征

1. 中国古典景观园林的艺术特征

中国古典园林艺术的基本审美标准在于追求自然美，其哲学与美学源头是以老庄为代表的道家思想和以孔孟为代表的儒家思想。道家崇尚自然，主张"师法自然"，讲求"无为"，提倡顺应自然，极力歌颂大自然的美丽，认为自然万物与人类是和谐共处的关系。儒家也强调物我交融、万物一体的共生共荣之道。在造园过程中，中国工匠将建筑美与自然美结合，达到了既源于自然又高于自然的境界。园林内的景观建筑不仅能让游园者在视觉上有所体验，还能通过听觉、嗅觉等激发其内心的情感，从而化实景为虚境，产生意境之美。中国传统文化的深厚底蕴使得园林建筑别具一格，充满诗情画意。中国古典园林是一种复杂的艺术，既充分运用了山石泉瀑等众多自然景观要素，同时又将诗歌、书画等人为艺术形式融入景观园林的创作中 ①。中国古典园林的绝妙之处在于含蓄，在于一山一石、一花一木都是那么地耐人寻味。

造园技艺是指建造园林的方法或手法，例如，协调园林的整体和局部的布局、处理园林间各要素的关系，以及通过对景物的布置来营造氛围。中西方在不同文化环境中形成了不同的造园方法。例如，中国园林多运用假山假水模拟真实山水，而西方园林擅长在真山真水之间打造人工景观。中国传统造园手法讲究"有法无式"，即有具体的造园方法但无样式之分，常采用"抑景""障景""添景""漏景""借景"等多种方式来表现其韵味。并且，中国的造园艺术强调以小见大，力求达到神似胜于形似，既源于生活又高于生活的艺术效果。

就造园要素而言，中西景观园林都是以自然要素为主，但所表达的意境却不相同。中国古典园林崇尚自然之美，建筑的造型、位置和结构都是为了与自然融为一体。水景多以开阔、小范围的水面为主要展示空间，重在表现其静态美。石景不但具有观赏价值，还具有区隔空间、营造景深的造景功能。例如，在苏州拙政园中，园林整体布局疏密自然，以水作为园林的主脉络，水面广阔，沿池修葺亭台楼阁，假山奇石林立，不同区域之间隔漏窗、回廊相连，给人一种"不识庐山真面目，只缘身在此山中"的诗意感受。

2. 西方景观园林的艺术特征

西方传统园林艺术追求以形式美为根本旨趣，讲求规则性以及造园规模宏大。形式美是指自然界中各因素按一定规律组合后其外在形式所产生的美。受唯理主义美学思想的影响，西方造园艺术力求体现严谨的理性，重视包含几何学和数学关系的设计思路；遵循人是世界的中心这一主旨，推崇"秩序之美"，主张改造自然，以几何的美学形式体现人对自然的征服。西方美学传统认为，人的意志高于自然界，自然之美是存在缺陷的，只有在人为改造后所形成的艺术美才是无瑕的。所以，西方园林布局、建筑、景观都讲究秩序感，要求严格按照形式美法则设计，始终保持中轴对称；主体建筑大多居于中轴线上，几何式的平面划分、规整的植被、矩形的水池、笔直的道

---

① 谢明洋. 环境景观设计中的视觉尺度 [J]. 首都师范大学学报 (社会科学版), 2008(S3): 109-113.

路，主次分明，给人以层次有序的印象。此外，西方园林多为公共性、开放性园林，景观开阔、规模宏大。

在造园要素方面，源于对理性、秩序和规则的追求，西式园林大多以人造建筑为主体，并强调建筑造型的几何特征。水景方面，西方人强调展示其动态美，多以跌瀑、喷泉的形式来表现。山石在西方园林中则多以雕塑形式出现，以体现西式的理性之美。以法国古典主义园林的代表作维贡特府邸花园为例，其布局呈鲜明的几何结构，充分体现了造园家对精确性和逻辑性的艺术追求。园内景观层次分明，重点突出。花园以中轴线为艺术中心，建筑居于中轴线上；水池、喷泉、花园、雕塑依中轴线层层展开，有明确的几何关系；笔直的道路，精心修剪成型的草木都凸显着人对自然的改造。

（三）中西景观园林艺术的文化渊源

园林艺术是人类借助各种自然造物展示主体性的文化载体，其背后凝结着人类对宇宙、自然、社会、历史和人生的理解和想象，是一种包含着丰富的哲学意识和审美情趣的艺术形式。不同的文化传统孕育着不同的园林艺术形态。中西景观园林的外在艺术形式差别，根源于中西文化传统——哲学、道德和美学观念的差别。

1. 中国景观园林艺术的文化渊源

中西园林景观的艺术风格差异首先根源于哲学思想的差异。中国传统哲学思想的根基由儒、释、道三家学说组成，对传统造园影响最大的是道家的老庄哲学，其核心是强调顺应自然的古典浪漫主义美学观念，强调在造园过程中尊重自然规律。在这种思想的熏陶下，作为有闲阶级的文人士大夫阶层形成了淡泊清高的人格特性，"诗意的栖居"成为其理想的生活境界。由此，中国古典园林处处充满了人文主义情感。

中国古典园林最初是文人士大夫阶层表达情感、寄托精神的场所，因此它通常也被称为文人园林。作为文人阶层人生理想和审美情趣的具象化表达，中国古典景观园林强调源于自然又回归自然的原则，强调与感性和经验对应的非规则和随机性原则，而不是秩序严谨的必然性原则。换言之，中国人造园讲究的是"重情"，追求的是意境美；西方造园尊崇的是"唯理"，重形式美。中国人认识事物多是直观感受与经验相结合，善于形象思维，而不是靠推理得出结论，这也与中国人所推崇的含蓄、内敛的人格特质息息相关。特别是魏晋南北朝以来，园林建造者强调将诗词歌赋、琴棋书画等文学形式融合到造园技艺中，力图达到自然之美与人为之美、审美情趣与人文关怀的和谐统一，从而奠定了中国景观园林艺术发展特有的文化基调。

2. 西方景观园林艺术的文化渊源

西方景观园林的哲学思想渊源可以追溯到古希腊。毕达哥拉斯学派提出的著名的"黄金分割定律"，即数学是科学与艺术的源泉，艺术之美源于比例协调的思想，对西方园林艺术的发展产生了深远的影响。此外，在近代"唯理"哲学思想的影响下，几何学和数学被广泛运用于包括园林设计在内的几乎所有的知识领域。由此，西方园林形成了遵从"主客二分"规则，强调建筑式样的几何式构图，体现人的理性意志和形式美的艺术风格。此外，与中国古典园林一样，西方园林艺术最初也是统治阶层意志的体现。不同的是，西式园林强调借助几何式对称的构图形式以及开阔的景观视野来表达统治者的政治抱负和秩序观念。

总之，中国古典园林与西方传统园林是在不同文化土壤上成长起来的两株艺术奇葩。文化底蕴的差异带来了二者在艺术表现形式方面的不同。深化对这种文化差异的认识，将有助于促进中西景观园林艺术的交流互鉴和创新发展。

二、园林景观文化

文化特色是一个城市有别于其他城市的主要特点，也是一个城市主要的人文内涵体现。现如今，我国正在大力开展城市园林景观建设，以提高城市的整体景观形象和生态环境质量水平。而作为一个现代化城市，其所有的园林景观都必须能够体现出该城市所具备的文化内涵，体现出本地几千年的文化精髓积淀，打造出一个独特的现代化人文城市。本节笔者结合自身对园林景观的认识与理解，来谈谈园林景观的文化内涵以及其具体的表现手法。

（一）园林景观的文化内涵

1. 地域文化

地域文化是带有鲜明地域特征的文化，即在经过长期的地理、政治、历史以及风俗习惯等自然和社会条件下所形成的具有当地特色的文化。在园林景观设计中，地域文化是首先需要考虑的一个主要因素，这是因为当地的园林景观建设必须体现出当地的人文特色，这样才能更好体现出本地与其他地区与众不同的地方。若在一个城市的园林景观建设中一味地抄袭照搬其他地区或是国外的园林景观，不但会使本地文化流失，也难以树立鲜明的城市景观特色，甚至会流于俗套，极大地降低城市的整体形象。在我国的园林景观发展中，对于地域文化的体现一直是备受园林设计师的重视。即在设计园林景观时，尽可能地结合自然景观，将具有本地或本民族特色的人文景观与之巧妙融合在一起，达到天人合一的生态园林景观。可以说，在园林景观设计中，地域文化是其根本所在，只有以地域文化作为艺术设计的基础，才能在实现良好自然景观的同时，赋予景观一定的文化内涵，使其更具观赏品味价值。

2. 名人文化

名人，就是指一些为当地的社会发展、民族理论形成、观念意识形态变化、精神文化弘扬等做出巨大贡献，而在当地或社会产生深远影响的人物。而名人文化正是这些人物所做出的社会贡献所形成的一种综合文化。在我国，各地都具有不同的名人文化，这些名人文化也是构成我国文化体系的一个重要组成部分。在园林景观设计中，充分体现出当地的名人文化，不但具有较好的教育宣传意义，更是对文化历史的一种传承，是良好文化发扬传播的一种重要手段。

3. 中西文化

我国独具东方特色的园林景观设计与西方多样性发展的园林景观设计是分属于不同体系的园林艺术，设计手法和景观特色都有着明显的差异。在全球文化一体化的发展潮流下，中西文化交流日趋频繁，我国在进行园林景观设计时，也会适当借鉴西方园林景观艺术设计手法，来将中西方文化完美融合在一起，形成一种后现代园林景观设计手法，同时体现出了中国传统的居住景观特点，又能满足现代人的生活习惯。

（二）园林景观文化内涵的具体表现手法

对于任何的园林景观而言，它都有一定的主题和意义，而园林中的表现手法，也是达到某种文化的具体表现。本节主要从外在表现与内在形式这两方面来谈一下具体的表现手法。

1. 外在表现手法

外在表现手法，是最简单、最基础的表现手法，主要是通过文字、园林的设计等来体现园林的气氛，在表达上更加地直接、具体。这种表现手法常用在纪念碑、雕塑和纪念性的广场上，其最大特点就是具有严格的规则性和对称性，因此，这种手法能够非常容易地创造出一种肃穆庄严的气氛。

2. 内在表现手法

与外在表现手法不同的是内在的表现手法，其更加注重场景意境的设计，使之能够让人触景生情，引人深思，给人一定的启示。含蓄、深刻也是该种表现手法的特点，意境之美不但是我国园林设计最主要的特色，同时也被认为是景观园林设计的灵魂与核心。内在表现手法，具体又可分为内在意境表现手法和内在结构表现手法。

(1) 内在意境表现手法

内在意境表现手法和方式有很多，总结起来主要包括如下几个方面：首先，在意境的表现手法上一定要确保能够给人以强烈的视觉冲击，创造出优美的意境。这在主题公园的设计中尤为重要，有时为了突出主题，设计者们常常把最能够体现民族文化内涵的核心景点设计在最引人注目的位置。例如，雕塑、喷泉，以及花园等，很容易给人带来强烈的视觉冲击，使人们能够产生强烈的心灵震撼，从而能够更好地领悟我国的民族文化和特征。其次，通过诗文、碑刻等来渲染意境。在我国古代的园林设计中，诗文、碑刻和匾额等都是常用来渲染意境的表现手法。例如，在上海大观园中，就可以看到很多古代名人的诗文和碑刻。这不但是对我国古典文化的一种良好的传承，而且对激发人们的爱国情怀也是有一定促进作用的。最后，合理地对自然资源进行利用和开发。从古代园林景观的设计中我们就可以发现，自然资源如瀑布、小溪等都被人们恰当地利用到了具体的园林景观设计中，充分地利用了大自然的鬼斧神工，使得园林景观的设计更加富有韵味和意境。

(2) 内在结构表现手法

除了内在意境表现手法之外，内在结构表现手法也是园林设计内在表现手法的一种。与内在意境表现手法相比，内在结构表现手法通常比较注重园林景观内在结构之间的联系，即在进行园林景观设计时，将其内在所有的组成部分完美衔接融合在一起，使其自然地完成两个景观之间的过渡，而不会出现突兀的现象。这种内在结构的表现手法也正是我国传统园林景观设计的艺术精髓。例如，借助一个长廊，或一个小桥，将两个不同特色的景观连接起来，在给人一种别有洞天的感觉的同时，又不至于使观赏者觉得过于突然，从而达到较好的景观设计效果。

园林文化除了应与当地地域文化及名人文化相辅相成，合二为一外，随着全球经济一体化、各种文化的交融，在园林设计中亦有不少地方得到体现。人们生活水平的提高对园林设计的要求也在不断地提高，这就使园林设计面临着新的挑战和机遇。在园林设计时，我们应在发掘、深化传统文化特点的基础上，更深刻地发展与各文化间的协调融合，运用更丰富的园林表现手法，让园林景观设计充满新的活力。

第二节　园林景观构成要素

园林景观是自然风景景观和人工造园的综合概念，园林景观的构成要素包括自然景观、人文景观和工程设施三个方面。

我国是一个山川秀丽、风景宜人的国家，丰富的自然景观早就闻名于世，为中外游人所青睐。这些自然景观遍布大江南北、祖国东西，包括山岳风景、水域风景、海滨风景、森林风景、草原风景和气候风景等。人文景观是景园的社会、艺术与历史性要素，包括名胜古迹类、文物与艺术品类、民间习俗与节庆活动类、地方特产与技艺类。人文景观是园林景观中最具特色的要素，而且丰富多彩，艺术价值、审美价值极高，是文化中的瑰丽珍宝。园林景观工程广义上是指园林景观建筑设施与室外工程，包括山水工程、道路桥梁工程、假山置石工程和建筑设施工程等。

一、自然景观要素

(一) 山岳风景景观

山岳是构成大地景观的骨架，各大名山独具特色，构成雄、险、奇、秀、幽旷、深奥等形象特征。划分名山类型的一般原则，是以岩性为基础，综合考虑自然景观的美学意义和人文景观特征，分为花岗石断块山、岩溶景观名山、丹霞景观地貌、历史文化名山等。由于地质变迁的差异，这些山具有不同的景观因素。

1. 山峰

山峰包括峰、峦、岭、嶝、崖、岩、峭壁等不同的自然景象，因岩质不同而异彩纷呈，如黄山、华山、花岗岩山峰高耸威严；桂林、云南石林、石灰岩山峰柔和清秀；武夷山、丹霞山、红砂岩山峰的赤壁奇观；石英砂的断裂风化，形成了湖南武陵源、张家界的柱状峰林；变质杂岩而生成的山峰造就了泰山五岳独尊的宏伟气势。

山峰既是登高远眺的佳处，又表现出千姿百态的绝妙意境，如黄山的梦笔生花、云南石林的阿诗玛、武夷山的玉女峰、张家界的夫妻峰、承德的棒槌峰、鸡公山的报晓峰等。

2. 岩崖

由地壳升降、断裂风化而形成的悬崖危岩，如庐山的龙首崖，泰山的瞻鲁台、舍身崖、扇子崖，厦门的鼓浪屿和日光岩，还有海南岛的天涯海角石，桂林象山的象眼岩和三清山的石景等。

3. 洞府

洞府构成了山腹地下的神奇世界，如著名的喀斯特地形石灰岩溶洞，仿佛地下水晶宫，洞内的石钟乳、石笋、石柱、石曼、石花、石床、云盆等各种象形石光怪离奇；地下泉水、湍流更是神奇莫测。中国著名的溶洞有浙江瑶琳洞、江苏善卷洞、安徽广德洞、湖北神农架上冰洞山内的风洞、雷洞、闪洞、电洞等。目前我国已开放的洞府景观有40多处。

4. 溪涧与峡谷

涧峡是山岳风景中的重要因素，它与峰峦相反，以其切割深陷的地形、曲折迂回的溪流、湿润芬芳的花草而引人入胜，如武夷山的九曲溪蜿蜒 7.5 公里，回环而下，成为游客乘筏畅游的仙境；贵州郊区的花溪，每年春夏邀来多少情侣携游；台湾花莲县的太鲁峡谷，峡内断崖高差达千米，瀑布飞悬，景色宜人。

5. 火山口景观

火山活动所形成的火山口、火山锥、熔岩流台地、火山熔岩等，如东北五大连池景观就是火山堰塞湖；还有长白山天池火山湖，火山口上的原始森林奇观；浙江南雁荡山火山岩景观等。

6. 高山景观

在我国西部，有不少仅次于积雪区，海拔高度在 500 m 以上的山峰，如青藏、云贵高原地区，多半是冰雪世界。高山风景主要包括冰川，如云南的玉龙雪山，被称为我国冰川博物馆。还有高山冰塔林水晶世界景观，高山珍奇植物景观，如雪莲花、凤毛菊、点地梅等。

7. 古化石及地质奇观

古生物化石是地球生物史的见证者，是打开地球生命奥秘的钥匙，也是人类开发利用地质资源的依据，古化石的出露地和暴露物自然就成为极其宝贵的科研和观赏资源。例如，四川自贡地区有著名的恐龙化石，并建成世界知名的恐龙博物馆；山东、河北等地的石灰岩层叠石是 20 亿年前藻类蔓生的形成层产物，形成绚丽多彩的大理石岩基；山东莱芜地区有寒武纪三叶虫化石，被人们开发制成精美的蝙蝠石砚；山东临朐城东有一座世界少有的山旺化石宝库，在岩层中完整保留着距今 1200 万年前的多种生物化石，颗粒细致的岩层被人誉为"万卷书"，是研究古生物、地理和古气候的重要资料。史前岩洞还是古人类进化史的课堂，北京周口店等处发现了古猿人的化石，证明了人类的起源与演变。变化万千的古代石及地质奇观，遍布我国各地，它们是科学研究的宝贵资料，也是自然中的景观资源。

(二) 水域风景景观

水是大地景观的血脉，是生物繁衍的条件。人类对水更有着天然的亲近感，水景是自然风景的重要因素，广义的水景包括江河、湖泊、池沼、泉水、瀑潭等风景资源 (海水列入海滨风景中)。

1. 泉水

泉是地下水的自然露头，因水温不同而分为冷泉和温泉，包括温泉（年均温45℃以下）、热泉（45℃以上）、沸泉（当地沸点以上）等；因表现形态不同而分为喷泉、涌泉、溢泉、间歇泉、爆炸泉等；从旅游资源角度看，有饮泉、矿泉、酒泉、喊泉、浴泉、听泉、蝴蝶泉等；还可按不同成分分为单纯泉、硫酸盐泉、盐泉、矿泉等。我国古人以水质、容重等条件品评了各大名泉，如天下第一泉的北京玉泉山"玉泉"，无锡惠山的天下第二泉，杭州虎跑的天下第三泉等。作为著名的河景资源，我国有济南七十二名泉，以趵突泉最胜；西安华清池温泉，以贵妃池最重；重庆有南、北温泉；还有西藏羊八井的爆炸泉；台湾阳明山、北投、关子岭、四重溪四大温泉等 [1]。

泉水的地质成因很多，因沟谷侵蚀下切到含水层而使泉水涌出叫侵蚀泉；因地下含水层与隔水层接触面的断裂而涌出的泉水叫接触泉；地下含水层因地质断裂，地下水受阻而顺断裂面而出的叫断层泉；地下水遇隔水体而上涌地表的叫溢流泉（如济南趵突泉）；地下水顺岩层裂隙而涌出地面者叫裂隙泉（杭州虎跑泉）。矿泉是重要的旅游产品资源；温泉是疗养的重要资源；不少地区泉水还是重要的农业和生活用水来源。所以泉水可以说是融景、食、用于一体的重要风景要素。

2. 瀑布

瀑布是高山流水的精华所在，瀑布有大有小，形态各异，气势非凡。

我国目前最大的瀑布是黄果树瀑布，宽约30米，高60米以上，最大落差72.4米；吉林省的长白山瀑布也十分雄伟壮观；黑龙江的镜泊湖北岸吊水楼瀑布是我国又一大瀑布，奔腾咆哮，飞泻直下，轰鸣作响，景色迷人。另外，知名的瀑布还有浙江雁荡山的大龙漱、小龙漱瀑布，建德市的葫芦瀑；江西庐山的王家坡双瀑、黄龙潭、玉帘泉、乌龙潭、陕西壶口瀑布以及臣龙岗的上下二瀑等。所有山岳风景区几乎都有不同的瀑布景观，有的常年奔流不息，有的顺山崖辗转而下，有的像宽大的水帘漫落奔流，似万马奔腾，若白雪银花。丰富的自然瀑布景观也是人们造园的蓝本。总之，瀑布以其飞舞的雄姿，使高山动色，使大地回声，给人们带来"疑是银河落九天"的抒怀

---

① 龚兆先，邓毅. 城市景观生态空间分异与建筑生态的设计优化 [J]. 广州大学学报（自然科学版），2008，7(06)：76-80.

和享受。

3. 溪涧

飞瀑清泉的下游常出现溪流深涧，如浙江杭州龙井九溪十八涧，起源于杨梅岭的杨家坞，然后汇合九个山坞的细流成溪。清代学者俞樾诗称："重重叠叠山，曲曲环环路，咚咚叮叮泉，高高下下树"，是对九溪十八涧环境的写照。贵州的花溪也是著名的游览地，花溪河三次出入于两山夹峙之中，入则幽深，不知所向，出则平衍，田畴交错，或突兀孤立，或蜿蜒绵亘，形成山环水绕，水清山绿，堰塘层叠，河滩十里的绮丽风光。为了再现自然，古人在庭园中也利用山石流水创造溪涧的景色，如杭州玉泉的水溪、无锡寄畅园的八音涧等，都是仿效自然创造的精品。

4. 峡谷

峡谷是地形大断裂的产物，富有壮丽的自然景观。著名的长江三峡是地球上最深、最雄伟壮丽的峡谷之一，崔嵬摩天，幽邃峻峭，江水蜿蜒东去，两岸古迹又为三峡生色，其中瞿塘峡素有"夔门天下雄"之称；巫峡则以山势峻拔，奇秀多姿著称；西陵峡最长，其间又有许多峡谷，如兵书宝剑峡、崆岭峡、黄牛峡、灯影峡等。另外，广东清远县有著名的清远飞来峡，承德有松云峡，北京的龙庆峡素有"小三峡"之称，还有四川嘉州小三峡等。此外还有尚未开发的云南三江大峡谷，黄河上的三门峡等。

5. 河川

河川是祖国大地的动脉，著名的长江、黄河是中华民族文化的发源地。自北至南，排列着黑龙江、辽河、松花江、海河、淮河、钱塘江、珠江、万泉河，还有祖国西部的三江峡谷（金沙江、澜沧江和怒江），美丽如画的漓江风光等。大河名川，奔泻万里，小河小溪，流水人家，大有排山倒海之势，小有曲水流觞之趣。总之，河川承载着千帆百舸，孕育着良田沃土，装点着富饶大地，流传着古老文化，它既是流动的风景画卷，又是一曲动人心弦的情歌。

6. 湖池

湖池像是水域景观项链上的宝石，又像洒在大地上的明珠，她以宽阔平静的水面给我们带来悠荡与安详，也孕育了丰富的水产资源。从大处着眼，我国湖泊大体有青藏高原湖区、蒙新高原湖区、东北平原山地湖区、云贵高原湖区和长江下游平原湖区。著名的湖池有新疆天池、天鹅湖；黑龙江镜泊湖、五大连池；青海的青海湖；陕西的华清池；甘肃的月牙泉；山东的微山湖；南京的玄武湖、莫愁湖；云南的滇池、洱海；湖南和湖北的鄱阳湖、洞庭湖；无锡的太湖；江苏、安徽的洪泽湖；安徽的巢湖；浙江的千岛湖；杭州的西湖；扬州的瘦西湖；桂林的榕湖、杉湖；广东的星湖；台湾的日月潭等。

此外，还有大量水库风景区，如北京十三陵水库、密云水库，广州白云山鹿湖，深圳水库，珠海竹仙洞水库，海南松涛水库等。无论天然还是半人工湖池，大都依山畔水，植被丰富，近邻城市，游览方便。中国园林景观欲咫尺山林，小中见大，多师法自然，开池引水，形成庭园的构图中心、山水园的要素之一，深为游人喜爱。

7. 滨海

我国东部海疆既是经济开发区域，又是重要的旅游观光胜地。这里碧海蓝天，绿树黄沙，白墙红瓦，气象万千。这里有海市蜃楼幻景，有浪卷沙鸥风光，有海蚀石景奇观，有海鲜美味品尝。例如，河北的北戴河，山东的青岛、烟台、威海，江苏的连云港花果山，浙江宁波的普陀山，厦门的鼓浪屿，广东深圳的大鹏湾，珠海的香炉湾，海南三亚的亚龙湾等。

我国沿海自然地质风貌大体有三大类。基岩海岸，大都由花岗岩组成，局部也有石灰岩系，风景价值较高；泥沙海岸，多由河流冲积而成，为海滩涂地，多半无风景价值；生物海岸，包括红树林海岸、珊瑚礁海岸，有一定的观光价值。由以上可知，海滨风景资源是要因地制宜，逐步开发才能更好地利用。自然海滨景观多为人们仿效再现于城市园林的水域岸边，如山石驳岸、卵石沙滩、树草护岸或点缀海滨建筑雕塑小品等。

8. 岛屿

由于岛屿具有给人们带来神秘感的传统习惯，在现代园林景观的水体中也少不了聚土石为岛，植树点亭，或设专类园于岛上，既增加了水体的景观层次，又增添了游人的探求情趣。从自然到人工岛屿，知名者有哈尔滨的太阳岛、青岛的琴岛、烟台的养马岛、威海的刘公岛、厦门的鼓浪屿、台湾的兰屿、太湖的东山岛、西湖的三潭印月（岛）等。园林景观中的岛屿，除了利用自然岛屿外，都是模仿或写意于自然岛屿的。

（三）天文、气象景观

由天文、气象现象所构成的自然形象、光彩都属于这类景观，大都为定点、定时出现在天上、空中的景象，人们通过视觉体验而获得美的享受。

1. 日出、晚霞

日出象征着紫气东来，万物复苏，朝气蓬勃，催人奋进；晚霞呈现出霞光夕照，万紫千红，光彩夺目，令人陶醉。大部分景观在9~11月金秋季节均可以欣赏到，如泰山玉皇顶、日观峰观日出；衡山祝融峰望日台观日出；华山朝阳峰朝阳台观日出；五台山黛螺顶、峨眉山金顶臣云庵睹光台、杭州西湖葛岭初阳台、莫干山观台以及大连老虎滩、北戴河、普陀山等地均是观日出的最佳圣地。杭州西湖的"雷峰夕照"、嘉峪关的"雄关夕照"、普陀山的"普陀夕照"、潇湘八景之一的"渔村夕照"、燕京八景之一的"金台夕照"、吴江八景之一的"西山夕照"、桂林十二景之一的"西峰夕照"等，均是观晚霞的最佳景点。

2. 云雾佛光景观

乘雾登山，俯瞰云海，仿若腾云驾雾，飘飘欲仙。如黄山、泰山、庐山等山岳风景区海拔1500米以上均可出现山丘气候，还造成雾凇雪景，瀑布云流，云海翻波，山腰玉带云景（云南苍山）"海盖云""望夫云"（洱海）等。"宝光"是自然光线在云雾中折射的结果。例如，泰山佛光多出现于6~8月，约6天；黄山约42天；而峨眉山有71天；且冬季较多。总之，云雾佛光，绮丽万千，招来无数游客，堪称高山景观之绝。

3. 海市蜃楼景观

海市蜃楼是因为春季气温回升快，海温回升慢，温差加大出现"逆温"，造成上下空气层密度悬殊而产生光影折射的结果，如山东蓬莱的"海市蜃楼"闻名于世，那变幻莫测的幻影，把人带到了另一个世界；广东惠来县神泉港的海面上龙穴岛亦有这种"神仙幻境"，有时长达4~6小时，这种现象在沙漠中也会出现。另外在晴朗的日子里，海滨日出、日落时，在天际线处常闪现绿宝石般的光芒，这是罕见的绿光景观。

（四）生物景观

生物包括植物、动物、微生物三大类，是景园的重要因素和保持生态平衡的主体。

植物包括森林、草原、花卉三大类。我国植物资源（基因库）最为丰富，有花植物约 25 000 种，其中乔木 2000 种，灌木与草本约 230 种，传播于世界各地。植物是景园中绿色生命的要素，与造园、人类生活关系极为密切。

1. 森林

森林是人类的摇篮，绿化的主体，园林景观中必备的要素。现代有以森林为主的森林公园或国家森林公园，一般园林景观也多以奇树异木作为景观。森林按其成因分为原始森林、自然次森林、人工森林；按其功能分用材林、经济林、防风林、卫生防护林、水源涵养林、风景林。我国森林景观因其地域、功能不同，各具显著特征，如华南南部的热带雨林；华中、华南的常绿阔叶林、针叶林及竹林；华中、华北的落叶阔叶林；东北、西北的针阔叶混交林及针叶林；还有乔木、灌木、灌丛等不同形状的树木、树林。

2. 草原

草原有以自然放牧为主的自然草原，如东北、西北及内蒙古牧区的草原；有以风景为主的或做园林景观绿地的草地。草地是自然草原的缩影，是园林景观及城市绿化必不可少的要素。

3. 花卉

花卉有木本、草本两种，也是景园的重要因素。花园，即以花卉为主体的景园。我国花卉植物资源在世界上最为丰富，且多名花精品，绝世珍奇，如"国色天香""花中之王"的牡丹，"花中皇后"芍药，天下奇珍琼花，"天下第一香"兰花，20 世纪 60 年代新发现的金花茶，以及梅花、菊花、桂花等。除自然生长的花卉外，现代又培育出众多的新品种。花卉与树木常相互结合布置于景园中，组成色彩鲜艳、芳香沁人的景观，为人们所喜爱、歌咏。

4. 动物类景观

动物是景园中最活跃、最有生气的要素。有以动物为主体的园，称动物园；或以动物为园中景观、景区，称观、馆、室等。全世界有动物约 150

万种，包括鱼类、爬行类、禽类、昆虫类、兽类及灵长类等。

①鱼类。鱼类是动物界中的一大纲目。观赏鱼类包括热带鱼、金鱼、海水鱼及特种经济鱼。水生软体动物，贝壳动物及珊瑚类，都具有不同的观赏价值和营养成分。②昆虫类。昆虫数量占动物界的2/3，有价值的昆虫常用来展出和研究，其中观赏价值较高的，如各类蝴蝶、飞蛾、甲虫、青蛙等。③两栖爬行类。如龟、蛇、蜥、蛙鲵、鳄鱼等，有名的绿毛乌龟、巨蟒、扬子鳄等具有较高的观赏和科研价值。④鸟类。一般有五类，即鸣禽类（画眉、金丝鸟等）、猛禽类（鹰、鸠等）、雉鸡类（如孔雀、珍珠鸡、鸵鸟等）、游涉禽类（鸭、鸳鸯）、攀禽类（鹦鹉等）。⑤哺乳类。如东北虎、美洲狮、大白熊、梅花鹿、斑马、大熊猫、猿猴类、亚洲象、长颈鹿、大河马、海豹等。

二、历史人文景观要素

(一) 名胜古迹景观

名胜古迹是指历史上流传下来的具有很高艺术价值、纪念意义、观赏效果的各类建设遗迹、建筑物、古典名园、风景区等。一般分为古代建设遗迹、古建筑、古工程及古战场、古典名园、风景区等。

1. 古代建设遗迹

古代遗存下来的城市、乡村、街道、桥梁等，有地上的，有发掘出来的，都是古代建设的遗迹或遗址。我国古代建设遗迹最为丰富多样，且大都开辟为旅游胜景，成为旅游城市、城市景园的主要景观、风景名胜区、著名陈列馆（院）等。

我国著名的古代城市，如六朝古都南京、汉唐古都长安（西安）、明清古都北京，以及山东曲阜、河北山海关、云南丽江古城等，都是世界闻名的古城。古乡村（村落）有西安的半坡村遗址；古街有安徽屯溪的宋街；古道有西北的丝绸之路；古桥梁则有赵州桥、卢沟桥等。

2. 古建筑

世界多数国家都保留着历史上流传下来的古建筑，我国古建筑的历史悠久、形式多样、形象多类、结构严谨、空间巧妙，都是举世无双的，而且近几十年来修建、复建、新建的古建筑面貌一新，不断涌现，蔚为壮观，成为园林景观中的重要景观。古建筑一般包括宫殿、府衙、名人居宅、塔、教堂、亭台、楼阁、古民居、古墓建筑等。亭台、楼阁有独立存在的，也有在宫殿、府衙及园中的。具有综合性的有："东方三大殿"，即北京故宫、山东岱庙天贶殿、山东曲阜孔庙大成殿；江南三大楼，即湖南岳阳楼、湖北黄鹤楼、江西南昌滕王阁。

(1)古代宫殿

世界多数国家都保留着古代帝王宫殿建筑，而以中国所保留的最多、最完整，大都是规模宏大的建筑群。北京明、清故宫原称紫禁城，现在为故宫博物院，是中国现存规模最大、保存最完整的古建筑群。沈阳清故宫是清初努尔哈赤、皇太极两代的宫殿，清定都北京后为留都宫殿，后又称奉天宫殿，建筑布局和细部装饰具有民族特色和地方特色，建筑艺术上体现了汉、满、藏艺术风格的交流与融合。拉萨布达拉宫于7世纪始建，于17世纪重建，包括红山上的宫堡群、山前方城和山后龙王潭花园三部分，宫堡群在山南坡，用块石依山就势建造，呈东西长、南北窄的不规则形状布置，高达117米。中央有红宫，高九层，第五层中央为西大殿，上四层中部为天井，四周建有灵塔殿，以回廊相连通。红宫东侧为白宫，是达赖喇嘛理政、居住之所。红宫两侧为僧房，宫东翼为僧官学校。西大殿内和壁画廊内绘制着布达拉宫建造历史、藏汉人民之间的友好往来与文化交流等壁画。方(藏语为"雪")城在宫堡群南面，东西、南北各300米，三面各辟一门，南墙东西两角各有一座碉楼，城内为行政建筑与僧俗官员住宅。山后龙王潭花园面积约15平方公里，有马道通往。布达拉宫集中反映了藏族匠师的智慧和才华，代表了藏族建筑的特点和成就，也是了解藏族文化、艺术、历史和民俗的宝库。

(2)亭台楼阁建筑

亭台最初与园林景观并无联系，后为园林景观建筑景观，或作景园主体成亭园、台园。台，比亭出现早，初为观天时、天象、气象之用，如殷鹿台、周灵台及各诸侯的时台，后来遂作园中高处建筑，其上亦多建有楼、阁、亭、堂等。现今保存的台有北京居庸关云台等。现今保存的亭，著名的有浙江绍兴兰亭、苏州沧浪亭、安徽滁州醉翁亭、北京陶然亭等。

楼阁，是宫苑、离宫别馆及其他园林中的主要建筑，也是城墙上的主要建筑。现今保存的楼阁，多在古典园林景观之中，也辟为公园、风景、名胜区，如江南三大名楼，安徽当涂的太白楼，湖北当阳的仲宣楼，以及江苏扬州的平山堂，云南昆明大观楼，广州越秀山公园内望海楼等。

(3) 名人居所建筑

古代及近代历史上保存下来的名人居所建筑，具有纪念性意义及研究价值，今辟为纪念馆、堂，或辟为园林景观。古代的名人居所建筑，如成都杜甫草堂，浙江绍兴明代画家徐渭的青藤书屋，江苏江阴明代旅游学、地理学家徐霞客的旧居，北京西山清代文学家曹雪芹的旧居等。近代的名人居所建筑著名的有孙中山的故居、客居，包括广东中山市的中山故居、广州中山堂、南京总统府中山纪念馆等。至于现代，名人、革命领袖的故居更多，如湖南韶山毛泽东故居，江苏淮安周恩来故居等，也多为纪念性风景区或名胜区。

(4) 古代民居建筑

我国是个多民族国家，自古以来的民居建筑丰富多彩，或经济实用，或小巧美观，各有特色，也是中华民族建筑艺术与文化的一个重要方面。古代园林景观中也引进民居建筑作为景观，如乡村 (山村) 景区，具有淳朴的田园、山乡风光，也有仿城市民居 (街景) 作为景区的，如北京颐和园 (原名清漪园) 仿建苏州街。

(5) 古墓、神道建筑

古墓、神道建筑指陵、墓 (冢、茔) 与神道石人、兽像、墓碑、华表、阙等。陵，为帝王之墓葬区；墓，为贵族、名人、庶人墓葬地；神道，意为神行之道，即陵墓正前方的道路。墓碑，初为木柱，是引棺入墓穴的工具，随埋土中。后演变为石碑，竖于墓前，碑上多书刻文字，记死者事迹功勋，称墓碑记、墓碑铭，或标明死者身份、姓名，立碑人身份、姓名等。华表，立于宫殿、城垣、陵墓前的石柱，柱身常刻有花纹。阙，立于宫庙、陵墓门前的台基建筑，陵墓前的称墓阙。神道、墓碑、华表、阙等都为陵、墓的附属建筑。现今保存的古陵、墓，有都具备这些附属建筑的，也有或缺的，或仅存其一的。

古代皇陵著名的有陕西桥山黄帝陵，是传说中轩辕黄帝的衣冠冢；临潼秦始皇陵与兵马俑，是我国最大的帝王陵墓和世界文化遗产；兴平汉武帝的茂陵，是汉代最大的陵墓，其陪葬的霍去病墓保留有我国最早的墓前石刻；乾县唐高宗与武则天合葬的乾陵，是唐代帝陵制度最完备的代表；南京牛首山南唐二主的南唐二陵；河南巩义市嵩山北的宋陵，为北宋太祖之父与太祖之后七代皇帝的陵墓，是我国古代最早集中布置的帝陵；南京明太祖的明孝陵，形成新的制度并对后世造成重大影响；北京明代十三陵，是我国古代整体性最强、最善利用地形、规模最大的陵墓建筑群；沈阳清初的昭陵，俗称北陵，为清太宗皇太极之墓，其神道成梯形排列，利用透视错觉增加神道的长度感，很富有特色；河北遵化市清东陵，为顺治、康熙、乾隆、咸丰、同治五帝及后妃之陵；河北易县清四陵，为雍正、嘉庆、道光、光绪四帝之陵。

古代名人墓地，著名的有山东曲阜孔林，安徽当涂李白墓，杭州岳飞墓等。

古代陵、墓是我们历史文化的宝库，已发掘出的陪葬物、陵园建筑、墓穴等，是研究与了解古代艺术、文化、建筑、风俗等的重要实物史料。现今保存的古代陵墓，有些保留有原来的陵园、墓园，有些现代辟为公园、风景区，与园林景观具有密切关系。

3. 古工程、古战场

工程设施、战场有些与园林景观并无关系，而有些工程设施直接用于园林景观工程，有些古代工程、古战场今天已辟为名胜、风景区，供旅游观光，同样具有园林景观的功能。闻名的古工程有长城、成都都江堰、京杭大运河；古战场有湖北赤壁国赤壁之战的战场、缙云山合川钓鱼城、南宋抗元古战场等。

(二) 文物艺术景观

文物艺术景观指石窟、壁画、碑刻、摩崖石刻、石雕、雕塑、假山与峰石、名人字画、文物、特殊工艺品等文化、艺术制作品和古人类文化遗址、化石。古代石窟、壁画和碑刻是绘画与书法的载体，现代有些成为名胜区，有些原就是园林景观中的装饰。石雕、雕塑、假山和峰石，则是园林景观中的景观。名人字画往往作为景园题名，题咏和陈列品。文物、特殊工艺品，也常作园林景观中陈列的珍品。

1. 石窟

我国现存有历史久远、形式多样、数量众多、内容丰富的石窟，是世界罕见的综合艺术宝库。其上凿刻、雕塑着古代建筑，艺术水平很高，历史与文化价值无量。闻名世界的有甘肃敦煌石窟（又称莫高窟），从前秦至元代，工程延续约千年；山西大同云周山云冈石窟，为北魏时开凿，保存至今的有53处，造像5100余尊；河南洛阳龙门石窟，是北魏后期至唐代所建大型石窟群，有大小窟龛2100多处，造像约10万尊，是古代建筑、雕塑、书法等艺术资料的宝库；甘肃天水麦积山石窟，是现存的唯一自然山水与人文景观结合的石窟。其他的还有辽宁义县万佛龛石窟，山东济南千佛山，云南剑川石钟山石窟，宁夏须弥山石窟，南京栖霞山石窟等多处。

2. 壁画

壁画是绘于建筑墙壁或影壁上的图画。我国很早就出现了壁画，古代流传下来的，如山西繁峙县岩山寺壁画，金代自1158年开始绘于寺壁之上，为大量的建筑图像，是现存的金代规模最大、艺术水平最高的壁画；云南昭通市东晋墓壁画，在墓室石壁之上绘有青龙、白虎、朱雀、玄武与楼阙等形象及表现墓主生前生活的场景，是研究东晋文化艺术与建筑的珍贵艺术资料；泰山岱庙正殿天贶殿宋代大型壁画（泰山神启跸回銮图），全长62米，造像完美、生动，是宋代绘画艺术的精品。影壁壁画著名的，如北京北海九龙壁（清乾隆年间建），上有九龙浮雕图像，体态矫健，形象生动，是清代艺术的杰作。

3. 碑刻、摩崖石刻

碑刻是刻文的石碑，是各体书法艺术的载体，如泰山的秦李斯碑，岱顶的汉无字碑，岱庙碑林，曲阜孔庙碑林，西安碑林，南京六朝碑亭，唐碑亭以及清代康熙、乾隆在北京与游江南所题御碑等。

摩崖石刻，是刻文字、图画的山崖，文字除题名外，多为名山铭文。山东泰山摩崖石刻最为丰富，被誉为我国石刻博物馆。山下经石峪有"大字鼻祖"（金刚经）岩刻，篇幅巨大，气势磅礴；山上碧霞元君祠东北石崖上刻有唐玄宗手书《纪泰山铭》全文，高13米多，宽5米余，蔚为壮观。山东益都云门山崖高数丈的"寿"字石刻，堪称一字摩崖石刻之最。图画摩崖石刻多见于我国西北、西南边疆地区，多为古代少数民族创作的岩画，内容有人物、动物、生活、战争等。著名的有新疆石门岩画，广西花山岩画等。

4. 雕塑艺术品

雕塑艺术品是指多用石质、木质、金属雕刻各种艺术形象与泥塑各种艺术形象的作品。古代以佛像、神像及珍奇动物形象为数最多，其次为历史名人像。我国各地古代寺庙、道观及石窟中都有丰富多彩、造型各异、栩栩如生的佛像。举世闻名的如四川乐山巨型石雕乐山大佛，唐玄宗时创建，约用九十年竣工，通高71米、头高14.7米、头宽10米、肩宽28米、眼长3.3米、耳长7米；北京雍和宫木雕弥勒佛立像，全身高25米，离地面高18米。

珍奇动物形象雕塑，自汉代起至清代古典景园中就作为园林景观点缀或作为一景观。宫苑中多为龙、鱼雕像，且与水景制作相结合，有九龙形象，如九龙口吐水或喷水；也有在池岸上石雕龙头像，龙口吐水入池的，如保存至今的西安临潼华清池诸多龙头像。

5. 诗词、楹联、字画

中国风景园林的最大特征之一就是深受古代哲学、文学、绘画艺术的影响，自古以来就吸引了不少文人画家、景观建筑师以至皇帝亲自制作和参与，使我国的风景园林带有浓厚的诗情画意。诗词楹联和名人字画是景观意境点题的手段，既是情景交融的产物，又构成了中国园林景观的思维空间，是我国风景园林文化色彩浓重的集中表现。

6. 出土文物及工艺美术品

具有一定考古价值的各种出土文物，著名的有秦兵马俑（陕西秦始皇陵）、古齐国殉马坑（山东临淄）、北京明十三陵等地下古墓室及陪葬物等。

(三) 民间习俗与节庆活动

民俗风情是人类社会发展过程中所创造的一种精神和物质现象，是人类文化的一个重要组成部分。社会风情主要包括民居村寨、民族歌舞、地方节庆、生活习俗、民间技艺、特色服饰、神话传说、庙会、集市、逸闻等。我国民族众多，不同地区、不同民族有着众多的生活习俗和传统节日。如农历三月三是广西壮族、白族、纳西族以及云南、贵州等地人们举行歌咏的日子；农历九月九日是我国传统的重阳节，有登高插茱萸，赏菊饮酒的风俗。此外还有六月六、元旦、春节、仲秋、泼水节（傣族）等。

1. 生活习俗地方节庆

如春节水饺、闹元宵、龙灯会、清明素、清明放风筝、端午粽、中秋月饼、腊八粥等，还有各民族不同的婚娶礼仪等。

2. 民族歌舞

如汉族的腰鼓舞、秧歌舞、绸舞，朝鲜族的长鼓舞，维吾尔族舞，壮族扁担舞，黎族鼓舞，傣族孔雀舞等。

3. 民间技艺

如壮锦、苗锦、蜀锦、傣锦、苏绣、高绣、鲁绣等。

4. 服饰方面

丰富多彩的民族服饰，集中形象地反映了当地的文化特征，对观光客有很大的吸引力，如黎族短裙，傣族长裙，布朗族黑裙，藏族围裙等。

(四) 地方工艺、工业观光及地方风味风情

我国的风景园林历来和社会经济生产及人民生活活动紧密相关，因此，众多的生产性观光项目以及各地的土特名优产品及风味食品也成为园林景观中不可缺少的人文景观要素。生产观光项目有果木园艺、名贵动物、水产养殖及捕捞等；名优工艺有工业产品生产、民间传统技艺、现代化建筑工程等；风味特产更是一个名目繁多的大家族，如著名的中国酒文化，苏、粤、鲁、川四大名菜系，北京满汉全席；丝绸、貂皮等土特产；陶瓷、刺绣、漆器、雕刻类工艺美术品；人参、鹿茸、麝香等名贵药品；还有地方风味食品，如北京烤鸭、南京板鸭、符里集烧鸡、内蒙古烤羊肉、傣族竹筒饭、广东蛇肉、金华火腿、成都担担面等。

第三节 园林景观工程

园林景观工程，广义指园林景观建筑设施与室外工程，它包括山石工程、水景工程、交通设施、建筑设施工程、建筑小品、植物绿化及施工构造技术等，是完成园林景观设计意图的必要物质和技术手段，也是构筑景观的

重要组成部分。

一、园林景观工程分类

园林景观工程包括山石工程、水景工程、交通设施、建筑设施工程、建筑小品、植物绿化及施工构造技术等。

(一) 山石工程

园林景观的修造多选择有一定自然景观优势的地形，但有时在平原无法满足。因此，改造地形，人工堆山置石就显得很有必要。按照假山的构成材料，可分为石山、土石山、土山三类，每一类都有自己的特点，如石山的峻奇、土山的苍翠等。利用山石可堆叠多种形式的山体形态，如峰、峦、岭、崮、岗、岩、坞、谷丘、壑、蚰、洞、麓、台、栈道、磴道等。此外，还常用孤石来造景，如著名的苏州冠云峰、瑞云峰，杭州邹云峰，上海玉玲珑等。

堆山置石的材料，应因地制宜、就地取材，常用的石材有湖石类 (南湖石、北湖石)、黄石类、青石类、卵石类 (南方为蜡石、花岗石)、剑石类 (斧劈石、瓜子石、白果石等)、砂斤石类和吸水石类。选用时可拓宽思路，灵活选用，所谓"遍山可取，是石堪堆"。传统的选石标准讲究透、漏、瘦、皱、丑。

(二) 水景工程

水景工程在景观中有调剂枯燥、衬托深远的作用。中国传统景园常用凿池筑山的手法而一举两得，既有了山，又有了水。"山得水而活，水得山而媚"，合理布局山水是园林景观工程的一个重要方面。

水景工程包括驳岸、闸坎、落水、跌水、喷泉等处理。在平面上，水面的形式和驳岸的做法是决定水体景观效果的关键，在自然山水园林设计中，应仿效自然形式，忌将池岸砌成工程挡土墙，人工手法过重，失去了景物的自然美。

（三）交通设施

园林景观工程中的交通设施主要包括道路、桥梁、汀步等，是联系各景区、景点的纽带，是构成园林景观的重要因素。它有组织交通、引导游览、划分空间、构成序列，为水电工程创造条件等作用，有时桥、路本身也是景点。

园林景观中道路形式有很多，按功能分，有主、次干道和游憩小路；按材质分，有土草路、碎石路、块石路、地砖路、混凝土路、柏油路等。水面上交通主要有桥梁、汀步等。桥梁往往做景观处理，有时还辅以建筑，如扬州瘦西湖上的五亭桥。汀步多做趣味处理，与水面、水生植物互为辉映，聚散不一，凌水而行，别有风趣。

（四）建筑小品

园林景观建筑小品一般体形小、数量多、分布广，具有较强的装饰性，对景观影响很大，同园林景观融为一个整体，共同来展现园林景观的艺术风采。主要有墙垣、室外家具、展览、宣传导向牌、门窗洞、花格、栏杆、博古架、雕塑、花池台、盆景等类型。

（五）植物绿化

植物绿化是园林景观工程的主体，是园林发挥其景观作用、社会和环境效益的最重要的部分，同时也是景园布局、形成景观层次与景深，体现园林景观意境的物质基础。

植物绿化的种植涉及植物生态特性及栽培技术，设计时应尊重植物的生态习性，根据当地土壤、气候等条件合理选择和搭配植物绿化品种，须采用合理的构造做法和技术措施来实现。

（六）园林景观工程技术与措施

园林景观工程还涉及防洪、消防、给排水、供电等专业技术。对其本身来说，园林景观建筑景观的建造也不同于一般建筑工程的施工，植物绿化的栽植除艺术方面的要求外，也需要一些特殊的技术措施做保障。

二、植物的栽植施工与维护管理

(一)植物的施工

一般而言,幼苗培植期的栽植工作,需要一个较大的空间作为苗圃,以集体的方式来培植幼苗,较为经济。而现今都市中寸土寸金的土地,实在不适合开辟苗圃之用,故多在市郊地区开辟苗圃、培植幼树,待其长成、定型之后,才移往都市中,作为行道树、庭园树或其他种种用途。故植树工作既有幼苗的栽植与大树的栽植,又希望植物能有100%的存活率,其出栽的预备工作必须多加讲究。移植工作一般为截根、挖掘及栽植。

1. 截根

截根指截短幼木单薄而不整齐的根系,使其根系生长限制在一较小的地区,增多支根并使小根与松根的数量增加,增加其出栽的成活率。一般而言,炎夏及酷寒的季节,不宜进行断根处理作业,因为炎夏植物蒸腾作用旺盛,水分供应不及易导致枯死,而酷寒新根发生不易,植物的输导作用无法正常运作也会使植物萎缩。落叶树在春季断根处理,而在秋季移植。常绿树也在春季进行断根处理,而至第二年的春天或雨期移植。一株大树要移植前应先截根。分区段先将一部分环绕大树的泥土挖掘60~90 cm深以截根,再用表土及肥料混合后填入挖掘的沟中;第二年再处理未挖掘之区段;第三年才移植。

2. 挖掘

正确的挖掘方法为苗木或幼树进行挖掘时,应尽量减少小根或细根的损失。移植的苗木较大时,在掘苗前先将其枝条用绳捆好,避免挖掘时损伤枝条,挖掘深度应为60~90 cm,其范围大小应于截根区之外。又因其裸根苗不大,所以应以湿的粗麻布包扎,以防止干燥及机械伤害。若苗木的直径超过7 cm时均应带土,而为了运输方便,泥球不宜过大,且应保持其湿润状态,并在其外包以草席或粗麻布,方便运输。

3. 栽植

栽植指将苗木移至新植地点后,将其置于原先挖掘的植穴。挖掘苗木时,表层土应予以保留而新土则予以丢弃,改用客土或厩肥代替。在黏性土壤较重的地区，因排水不良，应于栽植前装设 7.62 cm 口径的农田排水管，利于其排水。

为使新移植的树木不受日晒及干燥的危害，树干及一些较大的枝条应以粗麻布、皱纹纸或稻草包扎，维护其生长 [1]。另外，一项树木移植应注意的事项是：要考虑其树种成长后的形状及高度，选择适当的区域及范围任其发展成长，而不受他物的限制。

(二) 栽植后的维护管理

植物有了完善的配置栽植之后，更重要的是必须同时有适当的养护和良好的管理工作，并充分认识维护管理的重要性，对其付出一份关爱，这样才能保持一个优美的庭园。植物的养护工作包括各项设备与器材的准备、浇水工作、施肥、除虫、除草，等等，以使植物得到最好的照顾，也能延长庭园的使用寿命。

(三) 一般管理

良好的管理，可弥补设计施工的不足，因此平常多观察园林景观环境，如有设计或布置不妥善的地方，多检讨改进，合理调整或重新布置，使景园更臻于完善。

1.园林景观所需的器材及种花工具均须保管妥当。庭园各种设施，如棚架等，均须定期保养。随时维护花园的整洁，经常保持排水沟的畅通，下大雨时尤须检查排水管路。

2.台风季节，庭园中各种设施必须充分检查修护和固定。花木在台风前应插立支柱，或张拉绳索固定。支柱的材料一般多为经过防腐处理的杉木柱或桂竹柱，直径约为 5 cm 以上，并因植物的大小与当地风势的强弱来决定采用单柱、双柱、三柱或四柱的形式。不论是立支柱或拉索固定，均以加强植物的固持作用为目的，幅度大小视植株高矮而定，在与植物接触的地方应使用柔软的材料。

3.花架及墙篱上的攀爬花木应予疏剪，使其通风以减少阻力。台风初期，通常风大无雨，因此要事先多灌水。对于盆植花木，可推倒在地面上并

---

[1] 钱达 . 景观规划控制构建城市特色研究 [J]. 北方园艺，2012(03)：82-85.

予固定，待台风过后再予复原，以减少强风吹袭引起的创伤。

4.花坛内的土壤，应避免踏踩，以防止土壤结硬，花木亦应防止孩子摸弄，尤其新芽嫩叶容易受伤，新植花木一经触弄，细根动摇就不易成活。

三、园林景观的灌溉系统

灌溉系统是园林景观工程最重要的设施。实际上，对于所有的园艺生产，尤其是鲜切花生产，采取何种灌溉方式直接关系到产品的生产成本和作物质量，进而关系到生产者的经济利益。

目前在切花生产中普遍使用的灌溉方式大致有三种，即漫灌、喷灌和滴灌。近年来，国外又发展了"渗灌"。

(一) 漫灌

漫灌是一种传统的灌溉方式。目前我国大部分花卉生产者均采用这种方式。漫灌系统主要由水源、动力设备和水渠组成。首先，由水泵将水自水源送至主水渠；然后再分配到各级支渠，最后送入种植畦内。一般浇水量以漫过畦面为止。也有的生产者用水管直接将水灌入畦中。

漫灌是水资源利用率最差的一种灌溉方式。因为用这种方式灌溉，无法准确控制灌水量，不能根据作物的需水量灌水。此外，一般水渠，尤其是支渠，均是人工开挖的土渠，当水在渠中流过时，就有相当一部分水通过水渠底部及两壁渗漏损失掉了；由于灌水时，水漫过整个畦面并浸透表土层，全部土壤孔隙均被水充满，植物根系在一定时期内就会处在缺氧状态，无法正常呼吸，必然影响植物整体的生长发育；在连续多次漫灌以后，畦内的表土层会因沉积作用而变得越来越"紧实"，这就破坏了表土层的物理结构，使土壤的透气性、透水性越来越差。

总之，漫灌是效果差、效率低、耗水量大的一种较陈旧的灌溉方式，随着现代农业科学技术的发展，它将逐渐被淘汰。

(二) 喷灌

喷灌系统可分为移动式喷灌和固定式喷灌两种。用于切花生产的保护地内的是移动式喷灌系统，这种"可行走"的喷灌装置能完全自动控制，可调节喷水量、灌溉时间、灌溉次数等众多因素。这种系统价格高，安装较复杂，使用这种系统将增加生产成本，但效果好。

根据栽培作物的种类和生产目的不同，喷灌装置有着很大的变化。例如，在通过扦插繁殖的各种作物的插条生产中，一般都要求通过喷雾来控制环境湿度，以使插条不萎蔫，这样有利于尽快生根。在这种情况下，需要喷出的水呈雾状，水滴越细越好，而且喷雾间隔时间较短，每次喷雾的时间为十几或几十秒。如切花菊插条的生产，在刚刚扦插时，每隔 3 min 喷雾 12 s，以保持插条不失水。有时还在水中加入少量肥分，以使插条生根健壮，称为"营养雾"。但是在生产切花时，则不要求水滴很细，只要喷洒均匀，水量合适即可。

一个喷灌系统的设计和操作，首先，应注意使喷水速率略低于土壤或基质的渗水速率；其次，每次灌溉的喷水量应等于或稍小于土壤（或基质）的最大持水力，这样才能避免地面积水和破坏土壤的物理结构。

喷灌较之漫灌有很多优越性：①喷水量可以人为控制，使生产者对于灌溉情况心中有数；②避免了水的浪费，同时使土壤或基质灌水均匀，不至于局部过湿，对作物生长有利；③在炎热季节或干热地区，喷灌可以增加环境湿度，降低温度，从而改善作物的局部生长环境。所以有人称之为"人工降雨"。

（三）滴灌

一个典型的滴灌系统由贮水池（槽）、过滤器、水泵、肥料注入器、输入管线、滴头和控制器等组成。

一般利用河水、井水等滴灌系统都应设贮水池，但如果使用量大或时间过长，则供水网内易产生水垢及杂质堵塞现象。因此，在滴灌系统运行中，清洗和维护过滤器是一项十分重要的工作。

使用滴灌系统进行灌溉时，水分在土壤及根系周围的分布情况与漫灌时大不相同。漫灌使所有灌水区的表土层及作物根区都充满了水分，这些水并不能全部被作物吸收，其中相当一部分因渗漏和蒸发而损失掉了。除浪费水外，还造成一段时间内土壤孔隙堵塞，缺乏气体交换，进而影响作物根系的呼吸。而滴灌系统直接将水分送到作物的根区，其供水范围如同一个"大水滴"，将作物的根系"包围"起来。这样的集中供水，大大提高了水的利用率，减少了灌溉水的用量，同时又不影响作物根系周围土壤的气体交换。除此之外，使用滴灌技术的优越性还有：①可维持较稳定的土壤水分状况，有利于作物生长，进而可提高农产品的产量和品质；②可有效地避免土壤板结；③由于大大地减少了水分通过土壤表面的蒸发，因此，土壤表层的盐分积累明显减少；④滴灌通常与施肥结合起来进行，施入的肥料只集中在根区周围，这在很大程度上提高了化肥的使用效率，减少了化肥用量，不但可以降低作物的生产成本，而且可以减少环境污染的可能性。

从目前中国的水资源状况以及人口和经济发展前景来看，有必要在农业生产中大力提倡。首先，是在园艺生产中使用滴灌技术。在我国很多大中城市及其周围地区，地下水位下降的趋势已相当严重，如果在这些地区的蔬菜和花卉等园艺生产中都能推广使用滴灌技术，将会有效地节约其农业生产用水。这无疑会有利于保护这些地区的地下水资源。

四、屋顶花园及构造措施

(一) 种植设计形式

屋顶花园设计形式有地毯式、花圃式、自然式、点线式和庭院式。

1. 地毯式

地毯式为整个屋顶或屋顶绝大部分密集种植各种草坪地被或小灌木，屋顶犹如被一层绿色地毯所覆盖。

由于草坪与地被植物在 10 ~ 20 cm 厚的土层上都能生长发育。因此，地毯式种植对屋顶所加荷重较小，一般屋顶均可应用。

2. 花圃式

花圃式为整个屋顶布满规整的种植池或种植床，结合生产种植各种果树、花木、蔬菜或药材，屋顶种植注重经济效益。因此，其植物种植多按生产要求进行布局和管理。

3. 自然式

自然式类似于地面自然式造园种植，整个屋顶表面设计有微地形变化的自由种植区，种植各种地被、花卉、草坪、灌木或小乔木等植物，创造多层次结构和色彩丰富、形态各异的植物自然景观。

4. 点线式

点线式是采用花坛、树坛、花池、花箱、花盆等形式分散布置，同时沿建筑屋顶周边布置种植池或种植台。这是屋顶花园中采用最多的种植设计形式，能提供较多的活动空间。

5. 庭院式

庭院式类似于地面造园。种植结合水池、花架、置石、假山、凉亭等园林建筑小品，进行精心设计布置，以创造优美的"空中庭园"环境。

(二) 种植床 (台) 设计

1. 土层厚度

屋顶花园营造需要种植各种植物，不同类型的植物对土层厚度的要求各不一样。草坪及草本花卉多为须根性，较浅的土壤就能生长。灌木生长所需的土层要比草坪厚得多，而乔木对土层厚度的要求更高，有时要达到 1 m以上，才能满足其生长发育的需要。

2. 种植床 (台) 布局

种植床 (台) 的高度、材料及所种植物的类型不同，对屋顶施加的荷重也不一样。高大的种植台或种植乔木所需的高起地形必须与屋顶承重结构的柱、梁的位置相结合，土层较薄的草坪地被种植区则布置的范围较宽。

3. 屋顶花园种植床构造

屋顶花园种植床与地面种植区有所不同。在屋顶花园上种植植物，不但要考虑植物生长的需要，还要考虑荷载量、过滤、排水、防水、防风保护等因素。

4. 屋顶种植床排水坡度与管道排水系统

建筑屋顶一般都设计一定的排水坡度，以便尽快将屋面积水排向下水管口，并通过落水管排出屋顶。屋顶花园种植床设计应遵照原屋顶排水方向和坡度，包括自然式微地形处理，排水坡朝向主要排水通道和出水口，使屋顶遇大雨时，地表水快速排向出水口。另外，为了进一步加快排水，防止屋面积水，在排水层中还可加设排水花管。排水花管材料有 PVC 管、陶管、弹簧纤维软管等。管径视具体排水距离与要求而定，一般采用 50 ~ 100 mm

圆管。排水管道的出水端应与屋顶出水口相配合，并保持一定坡度，使种植床内多余的水分能够顺畅地排出屋顶。

(三) 屋顶花园植物选择要求

屋顶花园植物种植有别于地面花园，其小气候条件、土壤深度与成分、空气污染、浇灌情况、浇灌条件以及养护管理等因素各有差异。因此，选择植物必须适合屋顶环境特点。一般要求植物生长健壮、抗性强，能抵抗极端气候；对土壤深度要求不严，须根发达，适应土层浅薄和少肥条件；耐干旱或潮湿，喜光或耐阴；耐高热风，耐寒；抗冻，抗风，抗空气污染；容易移植成活，耐修剪，生长较慢；耐粗放管理，养护要求低等。

第四节　园林景观设计的基本原理

一、园林景观设计的原则

园林景观在设计的过程中，一般要遵循一定的原则，本节就简要介绍园林景观设计所要遵循的原则。

(一) 生态性原则

景观设计的生态性主要表现在自然优先和生态文明两个方面。自然优先是指尊重自然，显露自然。自然环境是人类赖以生存的基础，尊重城市的自然景观特征，使人工环境与自然环境和谐共处，有助于城市特色的创造。另外，设计中要尽可能地使用再生原料制成的材料，最大限度地发挥材料的潜力，减少能源的浪费。

(二) 文化性原则

作为一种文化载体，任何景观都必然地处在特定的自然环境和人文环境中，自然环境条件是文化形成的决定性因素之一，影响着人们的审美观和价值取向。同时，物质环境与社会文化相互依存，相互促进，共同成长。

景观的历史文化性主要是人文景观，包括历史遗迹、遗址、名人故居、古代石刻、坟墓等。一定时期的景观作品，与当时的社会生产、生活方式、家庭组织、社会结构都有直接的联系。从景观自身发展的历史分析，景观在不同的历史阶段，具有特定的历史背景，景观设计者在长期实践中不断地积淀，形成了一系列的景观创作理论和手法，体现了各自的文化内涵。从另一个角度讲，景观的发展是历史发展的物化结果，折射着历史的发展，是历史某个片段的体现。随着科学技术的进步，文化活动的丰富，人们对视觉对象的审美要求和表现能力在不断地提高，视觉形象的审美体征也随着历史的变化而变化。

景观的地域文化性指某一地区由于自然地理环境的不同而形成的特性。人们生活在特定的自然环境中，必然形成与环境相适应的生产生活方式和风俗习惯，这种民俗与当地文化相结合形成了地域文化。

在进行景观创作甚至景观欣赏时，必须分析景观所在地的地域特征、自然环境，入乡随俗，见人见物，充分尊重当地的民族系统，尊重当地的礼仪和生活习惯，从中抓住主要特点，经过提炼融入景观作品中，这样才能创作出优秀的作品。

（三）艺术性原则

景观不是绿色植物的堆积，不是建筑物的简单摆放，而是各生态群落在审美基础上的艺术配置，是人为艺术与自然生态的进一步和谐。在景观配置中，应遵循统一、协调、均衡、韵律四大基本原则，使景观稳定、和谐，让人产生柔和、平静、舒适和愉悦的美感。

二、园林景观设计的构图

本节主要从园林景观设计的构图形式和构图原理两方面对园林景观设计的构图进行讲述。

（一）园林景观的构图形式

1. 规则式园林

规则式园林，又称整形式、建筑式或几何式园林。西方园林，从埃及、希腊、罗马起到18世纪英国风景式园林产生以前，基本上以规则式为主，其中以文艺复兴时期意大利台地建筑园林和17世纪法国勒诺特平面图案式园林为代表。这一类园林，以建筑式空间布局作为园林风景的主要题材。

其特点强调整齐、对称和均衡。有明显的主轴线，在主轴线两边的布置是对称的。规则式园林给人以整齐、有序、形色鲜明之感。中国北京天安门广场园林、大连市斯大林广场、南京中山陵以及北京天坛公园，都属于规则式园林。其基本特征是：

(1) 地形地貌

在平原地区，由不同标高的水平面及缓倾斜的平面组成，在山地及丘陵地，需要修筑成有规律的阶梯状台地，由阶梯式的大小不同的水平台地、倾斜平面及石级组成，其剖面均为曲线构成。

(2) 水体

外形轮廓均为几何形。采用整齐式驳岸，园林水景的类型以整形水池、壁泉、喷泉、整形瀑布及运河等为主，其中常运用雕像配合喷泉及水池为水景喷泉的主题。

(3) 建筑

园林不仅个体建筑采用中轴对称均衡的设计，而且建筑群和大规模建筑组群的布局，也采取中轴对称的手法，布局严谨，以主要建筑群和次要建筑群形式的主轴和副轴控制全园[①]。

(4) 道路广场

园林中的空旷地和广场外形轮廓均为几何形。封闭性的草坪、广场空间，以对称建筑群或规则式林带、树墙包圈，在道路系统上，由直线、折线或有轨迹可循的曲线所构成，构成方格形或环状放射形，中轴对称或不对称的几何布局，常与棋纹花坛、水池组合成各种几何图案。

(5) 种植设计

植物的配置呈有规律有节奏的排列、变化，或组成一定的图形、图案或色带，强调成行等距离排列或做有规律的简单重复，对植物材料也强调整形，修剪成各种几何图形。园内花卉布置用以图案为主题的棋纹花坛和花

① 刘乐，杨冰清.城市的"生态空间"——公共建筑屋顶生态景观设计探讨[J].赤峰学院学报（自然科学版），2015，31(07)：40-42.

境为主，花坛布置以图案式为主，或组成大规模的花坛群，并运用大量的绿篱、绿墙以区规划和组织空间。树木整形修剪以模拟建筑体形和动物物态为主，如绿柱、绿塔、绿门、绿亭和用常绿树修剪而成的鸟兽等。

（6）园林其他景物

除建筑、花坛群、规则式水景和大量喷泉等主景以外，其余常采用盆树、盆花、瓶饰、雕像为主要景物，雕像的基座为规则式，雕像的位置多配置于轴线的起点、终点或支点上。

表现规则式的园林，以意大利台地园和法国宫廷园为代表，给人以整洁明朗和富丽堂皇的感觉。遗憾的是它缺乏自然美，一目了然，并有管理费工之弊。中国北京天坛公园、南京中山陵都是规则式的，它给人以庄严、雄伟整齐和明朗之感。

2. 自然式园林

自然式园林又称风景式、不规则式、山水派园林等。中国园林，从有历史记载的周秦时代开始，无论大型的帝皇苑囿，还是小型的私家园林，多以自然式山水园林为主，古典园林中可以北京颐和园，承德避暑山庄，苏州拙政园、留园为代表。中国自然式山水园林，从唐代开始就影响了日本的园林。从18世纪后半期传入英国，引起了欧洲园林对古典形式主义的革新运动。自然式园林在世界上以中国的山水园与英国式的风致园为代表。

自然式构图的特点是：它没有明显的主轴线，其曲线无轨迹可循，自然式绿地景色变化丰富、意境深邃、委婉。中华人民共和国成立以来的新建园林，如北京的陶然亭公园、紫竹院公园，上海虹口鲁迅公园等，也都进一步发扬了这种传统布局手法。这一类园林，以自然山水作为园林风景表现的主要题材，其基本特征如下：

（1）地渗地貌

平原地带，地形起伏富于变化，地形为自然起伏的和缓地形与人工堆置的若干自然起伏的土丘相结合，其断面为和缓的曲线，在山地和丘陵地，则利用自然地形地貌，除建筑和广场基地以外，不搞人工阶梯形的地形改造工作，原有破碎侧面的地形地貌也加以人工整理，使其自然。

（2）水体

其轮廓为自然的曲线，岸为各种自然曲线的倾斜坡度，如有驳岸，亦为自然山石驳岸。园林水景的类型多以小溪、池塘、河流、自然式瀑布、池沼、湖泊等为主，常以瀑布为水景主题。

(3) 建筑

园林内个体建筑为对称或不对称均衡的布局，其建筑群和大规模建筑组群，多采取不对称均衡的布局。对建筑物的造型和建筑布局不强调对称，要善于与地形结合。全园不以轴线控制，而以主要导游线构成的连续构图控制全园。

(4) 道路广场

广场的外缘轮廓线和通路曲线自由灵活。园林中的空旷地和广场的轮廓为自然形的封闭性的空旷地和广场，被不对称的建筑群、土山、自然式的树丛和林带所包围。道路平面和剖面由自然起伏曲折的平面线和竖曲线组成。

(5) 种植设计

绿化植物的配置不成行列式，没有固定的株行距，充分发挥树木自由生长的姿态。不强求造型，着重反映植物自然群落之美，树木配植以孤立树、树丛、树林为主，不用规则修剪的绿篱，树木整形不做建筑、鸟兽等体形模拟，而以模拟自然界苍老的大树为主，以自然的树丛、树群、树带来区规划和组织园林空间。注意色彩和季相变化，花卉布置以花丛、花群为主，不用模纹花坛。林缘和天际线有疏有密，有开有合，富有变化，自然和缓。在充分掌握植物的生物学特性的基础上，不同种和品种的植物可以配置在一起，以自然界植物生态群落为蓝本，构成生动活泼的自然景观。

(6) 园林其他景物

除建筑、自然山水、植物群落等主景以外，其余尚采用山石、假石、桩景、盆景、雕刻为主要景物，其中雕像的基座为自然式，多配置于透视线集中的焦点，自然式园林在世界上以中国的山水园与英国式的风致园为代表。

3. 混合式园林

严格说来，绝对的规则式和绝对的自然式园林，在现实中是很难做到的。像意大利园林除中轴以外，台地与台地之间，虽然为自然式的树林，也只能说是以规则式为主的园林。北京的颐和园，在行宫的部分和构图中心的佛香阁，也采用了中轴对称的规则布局，因此，只能说它是以自然式为主的园林。

实际上，在建筑群附近及要求较高的园林植物类型必然要采取规则式布局，而在离开建筑群较远的地点，在大规模的园林中，只有采取自然式的布局，才易达到因地制宜和经济的要求。

园林中，如规则式与自然式比例差不多的园林，可称为混合式园林，如广州起义烈士陵园、北京中山公园、广东新会城镇文化公园等。混合式园林是综合规则与自然两种类型的特点，把它们有机地结合起来，这种形式应用于现代园林中，既可发挥自然式园林布局设计的传统手法，又能吸取西洋整齐式布局的优点；能创造出既有整齐明朗、色彩鲜艳的规则式部分，又有丰富多彩、变化无穷的自然式部分。其手法是在较大的现代园林建筑周围或构图中心，采用规则式布局，在远离主要建筑物的部分，采用自然式布局，因为规则式布局易与建筑的几何轮廓线相协调，且较宽广明朗，然后利用地形的变化和植物的配置逐渐向自然式过渡，这种类型在现代园林中间用之甚广。实际上，大部分园林都有规则部分和自然部分，只是所占的比重不同而已。

在做规划设计时，选用何种类型不能单凭设计者的主观愿望，而是要根据功能要求和客观可能性。比如说，一块处于闹市区的街头绿地，不仅要满足附近居民早晚健身的要求，还要考虑过往行人在此做逗留的需要，则宜用规则不对称式。绿地若位于大型公共建筑物前，则可做规则对称式布局；绿地若位于具有自然山水地貌的城郊，则宜用自然式；地形较平坦，周围自然风景较秀丽，则可采用混合式。由此可知，影响规划形式的有绿地周围的环境条件，还有物质来源和经济技术条件。环境条件包括的内容很多，有周围建筑物的性质、造型、交通、居民情况等。经济技术条件包括投资和物质来源，技术条件指的是技术力量和艺术水平。一块绿地决定采用何种类型，必须对这些因素作综合考虑之后，才能做出决定。

在公园规划工作中，原有地形平坦的可规划成规则式，原有地形起伏不平的，丘陵、水面多的可规划为自然式。原有自然式树木较多的可规划为自然式，树木少的可规划为规则式。大面积园林，以自然式为宜；小面积以规则式较经济。四周环境若为规则式，宜规划成规则式；四周环境若为自然式则宜规划成自然式。

林荫道、建筑广场的街心花园等以规则式为宜；居民区、机关、工厂、体育馆、大型建筑物前的绿地以混合式为宜。

（二）园林景观的构图原理

1. 园林景观构图的含义

所谓构图，即组合、联想和布局的意思。园林景观构图是在工程、技术、经济可能的条件下，组合园林物质要素（包括材料、空间、时间），联系周围环境，并使其协调，取得景观绿地形式美与内容高度统一的创作技法，也就是规划布局。这里园林景观绿地的内容，即性质、空间、时间是构图的物质基础。

2. 园林景观构图的特点

（1）园林是一种立体空间艺术

园林景观构图是以自然美为特征的空间环境规划设计，绝不是单纯的平面构图和立面构图。因此，园林景观构图要善于利用地形、地貌、自然山水、绿化植物，并以室外空间为主，又与室内空间互相渗透的环境创造景观。

（2）园林景观的构图是综合的造型艺术

园林美是自然美、生活美、建筑美、绘画美、文学美的综合，它是以自然美为特征，有了自然美，园林绿地才有生命力。因此，园林景观绿地常借助于各种造型艺术加强其艺术表现力。

（3）园林景观构图受时间变化影响

园林绿地构图的要素，如园林植物、山、水等的景观都随时间、季节而变化，春、夏、秋、冬植物景色各异，山水变化无穷。

（4）园林景观构图受地区自然条件的制约

不同地区的自然条件，如日照、气温、湿度、土壤等各不相同，其自然景观也都不一样，园林景观绿地只能因地制宜，随势造景。

3. 园林景观构图的基本要求

（1）园林景观构图应先确定主题思想，即意在笔先，它还必须与园林绿地的实用功能相统一，要根据园林绿地的性质、功能确定其设施与形式。

（2）要根据工程技术、生物学要求和经济上的可能性进行构图。

（3）按照功能进行分区，各区要各得其所，景色在分区中要各有特色，化整为零，园中有园，互相提携又要多样统一，既分隔又联系，避免杂乱无章。

（4）各园都要有特点，有主题，有主景；要主题突出，主次分明，避免喧宾夺主。

（5）要根据地形地貌特点，结合周围景色环境，巧于因借，做到"虽由人作，宛自天开"，避免矫揉造作。

要具有诗情画意，发扬中国园林艺术的优秀传统。把现实风景中的自然美，提炼为艺术美，上升为诗情和画境。园林造景，要把这种艺术中的美，搬回到现实中来。实质上就是把规划的现实风景，提高到诗和画的境界，使人见景生情，从而产生新的诗情画意。

（三）园林景观构图的基本规律

1. 统一与变化

任何完美的艺术作品，都有若干不同的组成部分，各组成部分之间既有区别，又有内在联系，通过一定的规律组成一个整体。其各部分的区别和多样，是艺术表现的变化；其各部分的内在联系和整体，是艺术表现的统一。既有多样变化，又有整体统一，是所有艺术作品表现形式的基本原则。园林构图的统一变化，常具体表现在对比与协调、韵律与节奏、联系与分隔等方面。

（1）对比与协调

对比、协调是艺术构图的一种重要手法，它是运用布局中的某一因素（如体量、色彩等），两种程度不同的差异，取得不同艺术效果的表现形式，或者说是利用人的错觉来互相衬托的表现手法，差异程度显著的表现称对比，能彼此对照，互相衬托，更加鲜明地突出各自的特点；差异程度较小的表现称为协调，使彼此和谐，互相联系，产生完整的效果。园林景色要在对比中求协调，在协调中求对比，使景观既丰富多彩、生动活泼，又突出主题、风格协调。

对比与协调只存在于同一性质的差异之间，如体量的大小，空间的开敞与封闭，线条的曲直，颜色的冷暖、明暗，材料质感的粗糙与光滑等，而不同性质的差异之间不存在协调与对比，如体量大小与颜色冷暖就不能比较。

（2）韵律与节奏

韵律、节奏就是指艺术表现中某一因素作有规律的重复，有组织的变化。重复是获得韵律的必要条件，只有简单的重复而缺乏规律的变化，就令人感到单调、枯燥，而有交替、曲折变化的节奏就显得生动活泼。所以韵律、节奏是园林艺术构图多样统一的重要手法之一。

（3）联系与分隔

园林绿地都是由若干功能使用要求不同的空间或者局部组成的，它们之间存在着必要的联系与分隔，一个园林建筑的室内与庭院之间也存在联系与分隔的问题。

园林布局中的联系与分隔是指组织不同材料、局部、体形、空间，使它们成为一个完美的整体的手段，也是园林布局中取得统一与变化的手段之一。

2. 均衡与稳定

由于园林景物是由一定的体量和不同材料组成的实体，因而常常表现出不同的重量感，探讨均衡与稳定的原则，是为了获得园林布局的完整和安定感。这里所说的稳定，是指园林布局的整体上下、轻重的关系。而均衡是指园林布局中的部分与部分的相对关系，如左与右、前与后的轻重关系等。

（1）均衡

自然界静止的物体要遵循力学原则，以平衡的状态存在，不平衡的物体或造景使人产生不稳定和运动的感觉。在园林布局中，要求园林景物的体量关系符合人们在日常生活中形成的平衡安定的概念，所以除少数动势造景外，一般艺术构图都力求均衡。

（2）稳定

自然界的物体由于受地心引力的作用，为了维持自身的稳定，靠近地面的部分往往大且重，而在上面的部分则小而轻，例如，山、土壤等，从这些物理现象中，人们就获得了重心靠下、底面积大可以获得稳定感的概念。园林布局中稳定的概念，是指园林建筑、山石和园林植物等上大下小所呈现的轻重感的关系。

在园林布局上，往往在体量上采用下面大，向上逐渐缩小的方法来取得稳定、坚固感。例如，中国古典园林中的高层建筑如颐和园的佛香阁、西安的大雁塔等，都是通过建筑体量上由底部较大而向上逐渐递减缩小，使重心尽可能降低，以取得结实稳定的感觉。

另外，在园林建筑和山石处理上也常利用材料、质地所给人的不同的重量感来获得稳定感。例如，园林建筑的基部墙面多用粗石和深色的表面处理，而上层部分采用较光滑或色彩较浅的材料，在带石的土山上，也往往把山石设置在山麓部分，给人以稳定感。

3. 空间组织

空间组织与园林绿地构图关系密切，空间有室内、室外之分，建筑设计多注意室内空间的组织，建筑群与园林绿地规划设计，则多注意室外空间的组织及室内外空间的渗透过渡。

园林绿地空间组织的目的首先是在满足使用功能的基础上，运用各种艺术构图的规律创造既突出主题，又富于变化的园林风景；其次是根据人的视觉特性创造良好的景物观赏条件，适当处理观赏点与景物的关系，使景物在一定的空间里获得良好的观赏效果。

（1）视景空间的基本类型

①开敞空间与开朗风景。人的视平线高于四周景物的空间是开敞空间，开敞空间中所见到的风景是开朗风景。开敞空间中，视线可延伸到无穷远处，视线平行向前，视觉不易疲劳。开朗风景，目光宏远，心胸开阔，壮观豪放。古人诗"登高壮观天地间，大江茫茫去不还"，正是开敞空间、开朗风景的写照。但开朗风景中，如游人视点很低，与地面透视成角很小，则远景模糊不清，有时只见到大片单调天空。如提高视点位置，透视成角加大，远景鉴别率也大大提高，视点愈高，视界愈宽阔，因而有"欲穷千里目，更上一层楼"的感觉。

②闭锁空间与闭锁风景。人的视线被四周屏障遮挡的空间是闭锁空间，闭锁空间中所见到的风景是闭锁风景。屏障物之顶部与游人视线所成角度愈大，则闭锁性愈强。反之，成角愈小，则闭锁性也愈小，这也与游人和景物的距离有关，距离愈近，闭锁性愈强，距离愈远，闭锁性愈小。闭锁风景，近景感染力强，四面景物，可琳琅满目，但久赏易感闭塞，易觉疲劳。

③纵深空间与聚景。道路、河流、山谷两旁有建筑、密林、山丘等景物阻挡视线而形成的狭长空间叫纵深空间。人们在纵深空间里，视线的注意力很自然地被引导到轴线的端点，这样形成的风景叫聚景。开朗风景，缺乏近景的感染，而远景又因和视线的成角小，距离远，而使人感觉色彩和形象不鲜明，所以在园林中，如果只有开朗景观，虽然给人以辽阔宏远的情感，但久看仍觉得单调。因此，希望能有些闭锁风景近览，但闭锁的四合空间，如果四面环抱的土山、树丛或建筑，与视线所成的仰角超过15°，景物距离又很近时，则有井底之蛙的闭塞感，所以园林中的空间构图，不要片面强调开朗，也不要片面强调闭锁。在同一园林中，既要有开朗的局部，也要有闭锁的局部，将开朗与闭锁综合应用，开中有合，合中有开，两者共存，相得益彰。

④静态空间与静态风景。视点固定时观赏景物的空间叫作静态空间，在静态空间中所观赏的风景叫静态风景。在绿地中，要布置一些花架、座椅、平台供人们休息和观赏静态风景。

⑤动态空间与动态风景。游人在游览过程中，通过视点移动进行观景的空间叫作动态空间，在动态空间观赏到的连续风景画面叫作动态风景。在动态空间中游人走动，景物便随之变化，即所谓"步移景易"。为了使动态景观有起点，有高潮，有结束，必须布置相应的距离和空间。

(2) 空间展示程序与导游线

风景视线是紧相联系的，要求有戏剧性的安排、音乐般的节奏，既要有起景、高潮、结景空间，又要有过渡空间，使空间可主次分明，开、闭、聚适当，大小尺度相宜。

(3) 空间的转折有急转与缓转之分

在规则式园林空间中常用急转，如在主轴线与副轴线的交点处。在自然式园林空间中常用缓转，缓转有过渡空间，如在室内外空间之间设有空廊、花架之类的过渡空间。

两空间之分隔有虚分与实分。两空间干扰不大，须互通气息者可虚分，如用疏林、空廊、漏窗、水面等。两空间功能不同、动静不同、风格不同宜实分，可用密林、山阜、建筑实墙来分隔。虚分是缓转，实分是急转。

三、园林景观设计的理论基础

(一) 文艺美学

在当代社会发展中，景观设计师必须具备规划学、建筑学、园艺学、环境心理艺术设计学等多方面的综合素质，那么所有这些学科的基础便是文艺美学。具备这一基础，再加之理性的分析方法，用审美观、科学观进行反复比较，最后才能得出一种最优秀的方案，创造出美的景观作品。

而在现代园林景观设计中，遵循形式美规律已成为当今景观设计的一个主导性原则。美学中的形式美规律是带有普遍性和永恒性的法则，是艺术内在的形式，是一切艺术流派学依据。运用美学法则，以创造性的思维方式去发现和创造景观语言是人们的最终目的。

和其他艺术形式一样，园林景观设计也有主从与重点的关系。自然界的一切事物都呈现出主与从的关系，例如，植物的干与枝、花与叶，人的躯干与四肢。社会中工作的重点与非重点，小说中人物的主次人物等都存在着主次的关系。在景观设计中也不例外，同样要遵守主景与配景的关系，要通过配景突出主景。

总之，园林景观设计需要具备一定的文艺美学基础才能创造出和谐统一的景观，正是经过自然界和社会的历史变迁，人们发现了文艺美学的一般规律，才会在景观设计这一学科上塑造出经典，让人们在美的环境中继续为社会乃至世界创造财富。

(二) 景观生态学

景观生态学 (Landscape Ecology) 是研究在一个相当大的领域内，由许多不同生态系统所组成的整体的空间结构、相互作用、协调功能以及动态变化的一门生态学新分支。在 1938 年，德国地理植物学家特罗尔首先提出景观生态学这一概念。他指出景观生态学由地理学的景观和生物学的生态学两者组合而成，是表示支配一个地域不同单元的自然生物综合体的相互关系分析。进入 20 世纪 80 年代以后，景观生态学才在真正意义上实现全球的研究热潮。

"二战"以后，全球人类面临着人口、粮食、环境等众多问题，加之工业革命带动城市的迅速发展，使生态系统遭到破坏。人类赖以生存的环境受到严峻考验。此时一批城市规划师、景观设计师和生态学家们开始关注并极力解决人类面临的问题。美国景观设计之父奥姆斯特德正是其中之一，他的《Design With Nature 1969》一书奠定了景观生态学的基础，建立了当时景观设计的准则，标志着景观规划设计专业勇敢地承担起后工业时代重大的人类整体生态环境设计的重任，使景观规划设计在奥姆斯特德奠定的基础上又大大扩展了活动空间。

景观生态要素包括水环境、地形、植被等几个方面。

1. 水环境

水是全球生物生存必不可少的资源，其重要性不亚于生物对空气的需要。地球上的生物包括人类的生存繁衍都离不开水资源。而水资源对于城市的景观设计来说又是一种重要的造景素材。一座城市因为有山水的衬托而显得更加有灵气。除了造景的需要，水资源还具有净化空气、调节气候的功能。在当今的城市发展中，人们已经越来越认识到对河流湖泊的开发与保护，临水的土地价值也一涨再涨。虽然人们对于河流湖泊的改造和保护达成了共识，但是对于具体的保护水资源的措施却存在着严重的问题。例如，对河道进行水泥护堤的建设，却忽视了保持河流两岸原有地貌的生态功效，致使河水无法被净化等。

2. 地形

大自然的鬼斧神工给地球塑造出各种各样的地貌形态，平原、高原山地、山谷等都是自然馈赠于人们的生存基础。在这些地表形态中，人类经过长期的摸索与探索繁衍出一代又一代的文明和历史。今天，人们在建设改造宜居的城市时，关注的焦点除了将城市打造得更加美丽、更加人性化以外，更重要的还在于减少对原有地貌的改变，维护其原有的生态系统。在城市化进程迅速加快的今天，城市发展用地略显局促，在保证一定耕地的条件下，条件较差的土地开始被征为城市建设用地。因此，在城市建设时，如何获得最大的社会、经济和生态效益是人们需要思考的问题。

3. 植被

植被不但可以涵养水源、保持水土，还具有美化环境、调节气候、净化空气的作用。因此，植被是景观设计中不可缺少的素材之一。因此，无论是在城市规划、公园景观设计，还是居民区设计中，绿地、植被是规划中重要的组成部分。此外，在具体的景观设计实践时，还应该考虑树形、树种的选择，考虑速生树和慢生树的结合等因素。

(三) 环境心理学

社会经济的发展让人们逐渐追求更新、更美、更细致的生活质量和全面发展的空间。人们希望在空间环境中感受到人性化的环境氛围，拥有心情舒畅的公共空间环境。同时，人的心理特征在多样性的表象之中，又蕴含着规律性。比如有人喜欢抄近路，当知道目的地时，人们都倾向于选择最短的旅程。

另外，当在公共空间时，如果标志性建筑、标志牌、指示牌的位置明显、醒目、准确到位，那么对于方向感差的人会有一定的帮助。

人居住地的周围公共空间环境对人的心理也有一定的影响。如果公共空间环境提供给人的是所需要的环境空间，在空间体量、形状、颜色、材质视觉上感觉良好，能够有效地被人利用和欣赏，最大限度地调动人的主动性和积极性，培养良好的行为心理品质。这将对人的行为心理产生积极的作用。马克思认为："环境的改变和人的活动的一致，只能被看作是合理的理解，为革命的实践。"人在能动地适应空间环境的同时，还可以积极改造空间环境，充分发挥空间环境的有利因素，克服空间环境中的不利因素，创造一个宜于人生存和发展的舒适环境。

如果公共空间环境所提供与人的需求不适应时，会对人的行为心理产生调整改造信息。如果公共空间环境所提供与人的需求不同时，会对人的行为心理产生不文明信息。当空间环境对人的作用时间、作用力累积到一定值时，将产生很多负面效应。比如有的公共空间环境，只考虑场景造型，凭借主观感觉设计一条"规整、美观"的步道，结果却事与愿违，生活中行走极不方便，导致人的行为心理产生不舒服的感觉。有的道路两边的绿篱断口与斑马线衔接得不合理，人走过斑马线被绿篱挡住去路，这种人为的造成"丁字路"通行不方便的现状，使人的行为心理产生消极作用。可见，现代公共空间环境对人的行为心理作用是不容忽视的。

　　在公共空间环境的项目建造处于设计阶段时，应把人这个空间环境的主体元素考虑到整个设计的过程中，空间环境内的一切设计内容都应以人为主体，把人的行为需求放在第一位。这样，人的行为心理就能够得以正常维护，环境也能够得到应有的呵护，同时避免了环境对人的行为心理产生不良作用，避免了不适合、不合理环境及重修再建的现象，使城市的"会客厅"更美，更适宜于人的生活。

第三章　园林植物种植与养护管理

第一节　园林植物的分类与生长发育规律

一、园林植物的分类

关于植物的分类，存在两种不同的分类体系，一种是系统分类法，另一种是人为分类法。

(一) 园林植物的系统分类法

系统分类法又叫自然分类法，是指将植物之间的亲缘关系远近作为分类标准，能客观地反映植物亲缘关系和系统发育的分类方法。目前，我国较常用的被子植物分类系统有恩格勒分类系统、哈钦松分类系统以及克郎奎斯特分类系统。

在系统分类法中，植物分类有6个基本单位：门、纲、目、科、属、种。最常用的单位有科、属、种。其中，"种"是生物分类的基本单位，也是各级分类单位的起点。

在园林植物分类实践中，还有品种、品系两个常用单位。品种是指通过自然变异和人工选择所获得的栽培植物群体；品系是源于同一祖先，与原品种或亲本性状有一定的差异，但尚未正式鉴定命名为品种的过渡性变异类型，它不是品种的构成单位，而是品种形成的过渡类型。

(二) 园林植物的人为分类法

人为分类法是指以植物系统分类中的"种"为基础，依据其生长习性、观赏特性以及园林用途等的不同而进行的分类。与植物系统分类法相比，人为分类法受人的主观划定标准和环境因素影响很大，但人为分类法具有简单明了、操作和实用性强等优点，在园林植物的繁殖、栽培及应用上具有重要指导作用。

1.按植物生长型或体形分类

（1）乔木

乔木是指在原产地树体高大，有明显主干的木本植物，如雪松、银杏、水杉等。

（2）灌木

灌木树体矮小，是一种通常无明显主干而呈丛生状或分枝接近地面的木本植物，如蜡梅、含笑、六月雪等。

（3）木质藤本

木质藤本是指地上部分不能直立生长，常借助茎蔓、吸盘、卷须、钩刺等攀附在其他支持物上生长的木本植物，如紫藤、爬山虎、葡萄等。

（4）一、二年生草本

一、二年生草本是指播种后当年或次年就结束其个体生命的草本观赏植物，如百日草、凤仙花、半枝莲、鸡冠花、翠菊、一串红、万寿菊、金鱼草、金盏菊、报春花、三色堇、雏菊、羽衣甘蓝、瓜叶菊等。

（5）多年生草本

多年生草本植物连续生长三年或更长时间，开花结实后，地上部分枯死，地下部分继续生存，如郁金香、君子兰等。

2.根据主要观赏部位分类

（1）观花类花卉

观花类花卉是指花色、花形等具有较高观赏价值的植物，如月季、水仙、牡丹、玉兰、梅花等。

（2）观果类花卉

观果类花卉是指果实显著、果形奇特、挂果丰满、宿存时间长的植物，如金橘、冬珊瑚、五色椒、佛手、乌柿等。

（3）观叶类花卉

观叶类花卉是指叶形奇特优美、叶色艳丽或随时间而改变等的植物，如红桑、竹芋、银杏、鹅掌楸、彩叶芋、龟背竹等。

（4）观茎类花卉

观茎类花卉是指枝干有独特的风姿或有奇特的色泽、附属物等的植物，如光棍树、竹节蓼、红瑞木、仙人掌类植物等。

（5）观根类花卉

观根类花卉是指根系裸露膨大，具有较高观赏价值的植物，如榕树、何首乌、人参榕等。

（6）观形类花卉

观形类花卉是指植株株型优美、奇特的植物，如南洋杉、雪松、龙柏、部分盆景类等。

（7）芳香类花卉

芳香类花卉是指花或叶片等有芳香的植物，如栀子、白兰、薰衣草、银灰菊、迷迭香、米兰、罗勒等。

3. 根据园林用途分类

（1）行道树类

行道树类主要是指栽植在道路系统，如公路、街道、园路、铁路等两侧，整齐排列，以遮阴、美化为目的的乔木树种。行道树为城乡绿化的骨干树，能统一、组合城市景观，体现城市与道路特色，创造宜人的空间环境。

行道树的选择因道路的性质、功能而异。一般要求其为树冠整齐，冠幅较大，树姿优美，树干下部及根部不萌生新枝，有一定枝下高，抗逆性强，对环境的保护作用大，根系发达，抗倒伏，生长迅速，寿命长，耐修剪，落叶整齐，无恶臭或其他凋落物污染环境，大苗栽种容易成活的种类。常见种类有水杉、银杏、银桦、荷花、玉兰、樟、悬铃木、榕树、黄葛树、秋枫、复羽叶栾树、羊蹄甲、女贞、杜英、刺桐等。

（2）孤散植类

孤散植类主要是指以单株形式布置在花坛、广场、草地中央，道路交叉点，河流曲线转折处外侧，水池岸边，庭院角落，假山、登山道及园林建筑等处的起主景、局部点缀或遮阴作用的一类树木。

孤散植类表现的主题是树木的个体美，故姿态优美、花果茂盛、四季常绿、色秀丽、抗逆性强的阳性树种是较理想的树种，如苏铁、雪松、金钱松、白皮松、五针松、水杉、圆柏、黄葛树、花玉兰、悬铃木、樟、樱花、梅、红枫、紫薇、枫香、假槟榔、棕榈及其他造型类树木。

（3）垂直绿化类

垂直绿化类主要根据藤蔓植物的生长特性和绿化应用对象来选择树种，如爬山虎、常春藤、木香、紫藤、葡萄等。

（4）绿篱类

凡是由灌木或小乔木以近距离的株行距密植，栽成单行或双行，紧密结合的规则种植的形式，都称为绿篱。因其可修剪成各种造型并能相互组合，从而提高了观赏效果。此外，绿篱还能起到遮盖不良视点、隔离防护、防尘防噪等作用。

根据高度不同，绿篱分为三类：高篱类、中篱类、矮篱类。高篱类指篱高 2 m 左右，起围墙作用，多不修剪，应以生长旺盛、高大的种类为主，如蚊母树、石楠、珊瑚树、桂花、女贞、丛生竹类等；中篱类指篱高 1 m 左右，多配置在建筑物旁和路边，起联系与分割作用，常做轻度修剪，多选用枸骨、冬青卫矛、六月雪、木槿、小叶女贞、小蜡等；矮篱类指篱高 50 cm 以内，主要植于规则式花坛、水池边缘，起装饰作用，须做强度修剪，应由萌发力强的树种，如小檗、黄杨、萼距花、雀舌花、小月季、迎春等组成。

（5）造型类及树桩盆景类

造型类是指经过人工整形制成的各种物像的单株或绿篱。造型多样，对这类树木的要求与绿篱类基本一致，但以常绿种类、生长较慢者更佳，如罗汉松、海桐、枸骨、冬青卫矛、六月雪、黄杨等。

树桩盆景类是在盆中再现大自然风貌或表达特定意境的艺术品，对树种的选用要求与盆栽类有相似之处，均以适应性强，根系分布浅，耐干旱瘠薄，耐粗放管理，生长速度适中，耐阴，寿命长，花、果、叶有较高观赏价值，耐修剪蟠扎，萌芽力强，节间短缩，枝叶细小的种类为宜，如银杏、五针松、短叶罗汉松、榔榆、六月雪、紫藤、南天竹、紫薇、乌柿等。

（6）草坪地被类

草坪地被类是指那些低矮的，可以避免地表裸露，防止尘土飞扬和水土流失，调节小气候，丰富园林景观的草本和木本观赏植物。草坪多为禾本科植物，如结缕草、狗牙根、高羊茅、黑麦草等。此外，三叶草、马蹄金、铺地柏、地瓜藤、八角金盘、日本珊瑚、萼距花属、雀舌花、蝴蝶花、吊兰、沿阶草等也常做草坪地被。

（7）花坛花境类

花坛花境类是指露地栽培，用于布置花坛、花境或点缀园景用的观赏种类，多为时令性草花，如三色堇、金鱼草、金盏菊、万寿菊、一串红、碧冬茄、鸡冠花、羽衣甘蓝、彩叶草、菊花、郁金香、风信子、水仙、四季秋海棠等。

4.按形态、习性、分类学地位的综合分类

以上几种分类都是从某一方面出发对园林植物进行的分类，从不同角度阐述了园林植物在各种分类方法中的地位及用途，对生产实践有一定的实用价值。但这些分类方法受人为主观意志影响较大，难以掌握标准，可变性大，具有不同程度的局限性与片面性。采用园林植物的形态、习性及分类学地位为依据的综合分类法可以取长补短，具有更高的应用价值。根据园林植物的形态、习性及分类学地位综合分类法，园林植物分为以下几大类。

（1）针叶型树类

针叶型树类树树叶细长如针，多数为常绿乔木或灌木，少数为木质藤本，包括全部针叶树种以及部分其他树种，如雪松、金钱松、日本金松、巨杉、南洋杉、落羽杉、柽柳等。

（2）棕榈型树类

棕榈型树类植物多常绿，树干直，一般无分枝，叶大型，掌状或羽状分裂，聚生茎端。包括棕榈科、苏铁科植物，是树形较特殊的一类观赏树木。

（3）竹类

竹类植物是禾本科竹亚科的多年生常绿树种。竹类为我国园林传统的观赏植物，主要分布于秦岭、淮河流域以南地区。

（4）阔叶型树类

阔叶型树类植物一般指具有扁平、较宽阔叶片，叶脉呈网状，叶常绿或落叶，一般叶面宽阔，叶形随树种不同而有多种形状的多年生木本植物。该类树种类繁多，主要为双子叶植物。根据落叶性不同，阔叶型树类又可分为常绿类和落叶类。其中，常绿乔木主要分布于热带、亚热带地区，不耐寒，四季常青，包括木兰科、樟科、桃金娘科、山茶科等多数种类；常绿灌木类在华南常见，耐寒力较弱，北方多为温室栽培，种类众多，其中的龙血树类、鹅掌木、孔雀木、变叶木、红背桂、绿萝等为著名的观叶树种；落叶乔木类为我国北方主要阔叶树种，较耐寒，季相变化明显，如山毛榉科、杨柳科、胡桃科、桦木科、榆科、悬铃木科、金缕梅科、漆树科、豆科等多种。

（5）藤蔓类

藤蔓是指茎不能直立，以多种方式攀缘于其他物体向上或匍匐地面生长的藤本及蔓生灌木。该类树木种类繁多，习性各异，主要用于垂直绿化。常见的藤蔓植物有紫藤、爬山虎、使君子、凌霄、蔷薇、常春藤、牵牛花等。

（6）草本花卉类

草本花卉类植物分布很广，种类繁多。又可分为一、二年生花卉，球根类，宿根类，多浆及仙人掌类，室内观叶植物，水生花卉和草坪地被类等。

二、园林植物的生长发育规律

不论是木本还是草本，园林植物都要经历营养生长、开花结实、衰老死亡几个生长发育阶段。植物从播种开始，经幼年、性成熟开花、衰老死亡的全过程称为"生命周期"。植物在一年中经历的生活周期称为"年周期"。

（一）园林植物的生命周期

1. 木本植物的生命周期

园林树木的生命可能开始于种子，也可能开始于营养繁殖的个体。前者称为"实生树"，它起源于有性繁殖的生命周期；后者称为"营养繁殖树"，是树木营养器官形成的独立植株，是原植物体生命的延续。实生树的生命周期经历种子期、幼年期、成熟期和衰老死亡期四个阶段。和实生树不同，营养繁殖树的生命起源于原植株的器官。其实际个体年龄应从原植株种子萌发开始算起，直到从母株分离的时间为止。因此，其生命周期与母株的年龄有很大关系。一般来说，营养繁殖树都已经经过了幼年期，只要生长正常，有成花诱导条件就能开花。因此，营养繁殖树生命周期只有成熟期和衰老死亡期两个阶段。

2. 草本植物的生命周期

（1）一、二年生草本的生命周期。一、二年生草本生命周期短，仅1～2

年。但其一生也必须经历胚胎期、幼苗期、成熟期、衰老期几个阶段。

（2）多年生草本的生命周期。多年生草本的寿命一般长于一、二年生草本，短于木本植物。和木本植物相同，多年生草本的生命可能开始于种子，也可能开始于营养繁殖个体，因此其生命周期与木本植物类似。

各类植物的各个生长发育阶段之间没有明显的界限，是渐进的过程。各阶段的长短与植物自身发育特征以及环境有很大关系。

(二) 园林植物的年生长发育规律

植物的生长发育受环境影响显著，季节的变化使植物表现出生命活动的节律性发育。区域的不同、气候的差异造成了植物在一年中的生长发育也不同。

在四季明显的地区，落叶树表现出明显的生长与休眠两大物候期。从春季开始到秋季落叶，树木依次表现出萌芽、生长、落叶、休眠四个物候。

常绿树物候特点是没有明显的落叶休眠期，各个物候也没有落叶树明显。不同种类的常绿树以及同一种常绿树在不同年龄、不同区域表现出来的物候进程也不同。例如，马尾松在南方一年可以抽梢 2～3 次，而在北方只抽梢 1 次。

第二节　园林植物种植工程概述

一、园林植物种植工程的概念及意义

园林植物种植工程是园林绿化工程的重要组成部分，是园林工程中最基本、最重要的工程。它是指按照正规的园林设计及遵循一定的计划，完成某一地区的种植绿化任务。种植工程一般分为栽植和养护两个部分。栽植主要指植物的起苗、移栽，养护主要包括栽植后植物在成活期间的管理。

园林植物种植虽然是短期的工作，但是种植的好坏直接影响植物的成活、生长、发育，从而影响植物的形态、美感以及生态功能，进而导致设计初衷受到影响，设计效果大相径庭。

二、植物移栽成活的原理

一般情况下，植物体内水分都处于一种平衡状态，地上部分水分的蒸腾可以及时得到根系所吸收水分的补充。在移栽过程中，植物的根系、枝叶受到一定程度的破坏，植物体内的水分收支情况发生了巨大变化，出现水分亏损的现象，代谢水平以及抗逆性下降，开始萎蔫失水，严重时植株死亡。因此，在整个种植过程中，一定要采取有效措施保持和恢复植物的水分平衡。在挖、运、栽、管的过程中采取相应措施，以保证植物的成活。

提高植物成活率，首先要保持植物体内的水分平衡——保湿、保鲜。防止苗木过度失水是移栽成活的第一个关键点。植物移栽后能否成活取决于植物本身是否能够自己吸收水分，恢复平衡。因此，伤口愈合以及新根的产生是移栽成活的第二个关键点。另外，为了方便植物根系对水分的吸收，土壤要与根系紧密接触，这是移栽成活的第三个关键点。

三、种植原则

(一) 适树适栽

根据树种的不同特性采用相应的栽培方法，特别是根据其水分平衡调节适应能力来采取相应的措施。对于易栽成活的树种，可采用裸根栽植；不易成活的树种须带土球并采取相应的水分调节措施。一般园林树木的栽植，对立地条件的要求为土质疏松、通气透水。对根际积水极为敏感的树种，如雪松、广玉兰、桃树、樱花等，在栽植时可采用抬高地面或深沟降渍的地形改造措施。

(二) 适时适栽

落叶树种多在秋季落叶后或在春季萌芽前进行。常绿树种栽植，在南方冬暖地区多进行秋植，或于新梢停止生长期进行；冬季严寒地区，易因秋季干旱造成"抽条"而不能顺利越冬，故以新梢萌发前春植为宜；春旱严重地区可进行雨季栽植。对于有明显旱、雨季之分的西南地区，以雨季栽植为好，抓住连阴雨或"梅雨"的有利时机进行。

（三）适法适栽

常绿树小苗及大多落叶树种多用裸根栽植。在起苗时，尽量多带侧根、须根。常绿树种及某些裸根栽植难以成活的落叶树种多进行带土球移植。

四、园林植物种植季节及其特点

园林植物的种植时期，依植物的习性以及种植地区的气候条件而有差异。根据植物移栽成活的原理，种植应选择植物蒸腾量小而根系再生能力强的时期。从降低种植成本和提高成活率的角度讲，适栽期以春季和秋季为好。在这两个时期，植物体内养分充足；枝叶蒸腾作用小，有利于维持树体水分平衡；根系活动相对活跃，有利于伤口愈合和生根。然而，在实际操作过程中，种植时期受工期、环境等方面因素的影响明显。

（一）春季种植的特点

春季种植是指春天自土壤化冻后至植物发芽前进行种植。这也是我国大部分地区的主要种植季节。此时，土壤温度开始升高，水分充足，蒸发量小，树体营养充足，有利于根系主动吸水和生根，种植成活率高。春季种植一般维持2~4周。若种植任务不大，比较容易把握有利时机。如果种植任务重，很难在适宜的时期内完成。从种植顺序上讲，一般先种萌动早的树种，如针叶树、落叶树；后种萌动晚的树种，如阔叶树、常绿树。

（二）秋季种植的特点

秋季种植是指植物落叶后至土壤封冻前进行种植。此时，植物已经进入休眠期，营养消耗少，蒸发量小，根系相对较活跃。越冬后春季发根早，能够迅速进入正常生长期。

（三）雨季种植的特点

雨季种植适合某些地区和植物。例如，雨、旱季明显，夏季多雨，春季、秋冬季干旱的西南地区，以雨季种植为好。在这段时间里，降水较多、湿度大，有利于维持植物水分平衡，提高成活率。

(四) 反季节种植的特点

反季节种植主要包括在干旱的夏季和寒冷的冬季种植。在这段时间里，环境相对恶劣，极端的高温、低温、干旱是影响成活率的重要因素。为提高种植成活率，应采取必要的措施进行降温、保暖、保湿。一般情况下，不选择在这段时间进行种植。若因需要而不得已，应尽量随起随栽，并采取特殊技术措施，以保证植物成活。

五、园林植物种植工程施工

(一) 园林植物种植前的准备工作

在园林规划设计后，种植工程开始之前，参加施工的人员必须做好施工的准备工作，以保证施工的顺利进行。

1.研究设计方案和工程概况

施工人员首先要对整个工程的工程量、投资、预算、工期进度、施工地段状况、材料来源及运输、设计人员的设计意图、预想目标等有所了解，以利于种植苗木的选择、货源组织、种植计划的制订和工期安排。

准备工作完成后，应编制施工计划，制定优质、高效、低耗、安全的施工规定。

2.现场勘察并核对设计图纸，制订施工方案

在了解设计意图和工程概况后，施工负责人要按设计图纸进行现场核对，对现有种植地的现状进行调查，包括地物的去留、现场内外交通、水电情况、种植地土壤情况、设计图的可标注地形地物是否与现场相符等。同时，要对各种管道等市政设施进行了解，安排好施工期间必需的生活设施，如宿舍、食堂、厕所等。

根据设计方案及施工技术规程，结合现场勘察现状，制订切实可行的施工安排方案。主要内容包括施工组织机构及负责人，施工程序及进度，劳动定额，机械及运输车辆使用计划，施工材料、工具进度表，种植技术措施及质量要求，施工现场平面图，施工预算。

在园林树木，尤其是乔木种植时，要考虑土壤厚度、树木与道路交叉口、管线、建筑物之间的间距，见表3-1～表3-4。

表3-1 行道树与道路交叉口的距离 (单位: m)

序号	种类	间距
1	道路急转弯时，弯内距树	50
2	公路交叉口各边距树	30
3	公路与铁路交叉口距树	50
4	道路与高压线交叉线距树	15
5	桥梁两侧距树	8

表3-2 地上各种杆线与树木最小距离 (单位: m)

电线分类	电线与树水平距离	电线与树垂直距离
10 kV·A 以下	1.5	1.5
20 kV·A 以下	2.5～3	2.3
35～110 kV·A	4	4
154～220 kV·A	5	5
330 kV·A	6	6
电信明线	2	2
电信架空线	0.5	0.5

表3-3 地下管线与树木根茎的最小距离 (单位: m)

地下管线	距乔木根茎中心距离	距灌木根茎中心距离
电力电缆	1	1
电信电缆 (直埋)	1	1
电信电缆 (管道)	1.5	1
给水管道	1.5	1
雨水管道	1.5	1
污水管道	1.5	1

表 3-4 各种设施与树木中心最小水平距离 (单位: m)

设施分类	最小水平距离	
	至乔木中心	至灌木中心
一般电力杆柱	2	1
电信杆柱	2	1
路灯、园灯杆柱	2	1
高压电力杆	5	2
无轨电车	2.5~3	1
铁路变道中心线	8	4
排水沟外缘	1~1.5	1
路牌、车站牌	1~1.2	1~1.2
消防龙头	1~5	2
测量水准点	2	2

3. 整理施工现场

(1) 清除障碍物

清除障碍物是种植前的必要工作。一般在施工前要对绿化工程地界内的所有有碍施工的设施、房屋、杂物、坟墓进行拆除和搬迁。对现有房屋的拆除要结合设计要求，适当保留一部分作为工棚或仓库，待施工完毕后进行拆除。对现有树木的处理要保持慎重的态度，可以结合设计尽量保留；无法保留的，则进行移植。

(2) 地形整理

地形整理是指种植地段的划分和地形的营造，主要指绿地的排水问题。应按照设计图纸的规定和高程进行整理。整理工作一般在种植前3个月以上的时间内进行，可与清除障碍物相结合进行。

①对10°以下的平缓耕地或半荒地，可采取全面整地措施。通常采用的整地深度为30 cm，对于重点布景地区或深根性树种翻耕要达到50 cm深。结合翻耕进行施肥，借以改良土壤。

②对市政工程场地和建筑区域的整理，要首先清除遗留下来的灰渣、

石块、灰槽等建筑垃圾。对于土壤破坏严重的区域，要采用客土或一定的措施改良后方可进行整理。

③低湿地区的地形整理主要是解决排水问题。以防水分过多，通气不良，土壤反碱。通常在种植前一年，每隔20 m挖一条深1.5~2 m的排水沟，并将挖起来的表土翻至一侧，培成垅台。经过一个生长季，土壤受雨水冲洗，盐碱含量减少，杂草腐烂，土质疏松，不干不湿，即可在垅台上种植。

④新堆土山的征地应经过一个雨季使其自然沉降，才能进行整地种植。

⑤对于荒地的整理，首先要清理地面，刨除枯树根，搬除可移动的障碍物。

地形整理完毕后，要对种植植物的范围进行土壤整理，为植物生长创造良好的生长条件。农田菜地的整理主要是清除侵入体，不需要换土。对于建筑遗址、工程废物，需要清除翻土；如果有必要，还应进行土壤改良。

4. 交通运输及相关工具材料的准备

种植工具主要指苗锹、锄头、绳索、植树机等，数量根据种植任务以及种植条件等确定。交通运输工具主要指运苗、运输劳动人员的交通工具及所需的燃料。

5. 苗木准备

在种植之前，首先要根据设计图纸分别计算各类植物的需要量。一般要在计算的基础上另加5%左右的苗木数量，以抵消施工过程中的损耗。在选购苗木时，要对苗木的产地、质量、是否移栽过、年龄以及规格进行了解。

(二) 种植工程的主要程序和技术

园林植物种植主要程序包括种植穴的准备、苗木的起苗、种植以及栽后管护等环节。

1. 种植穴的准备

(1) 定点放线

根据设计图将种植穴准确安放，首先要进行施工放线。同地形测量一样，定点放线要遵循"由整体到局部，先控制后局部"的原则。在放线时，先确定好基准线，同时了解测定标高的依据。

施工放线的方法多种多样，可根据具体情况进行选择。

规则式种植轴线明显，株距相等，以行道树种植最具代表性。行道树的行位要严格按横断面设计的位置放线。在有固定路牙的道路，以路牙内侧为准；在没有路牙的道路，以道路路面的平均中心线为准，用钢尺测准行位，并按设计图规定的株距，大约每隔10株钉一个行位控制桩。行道树点位以行位控制桩为依据，按照设计确定株距，定出每株树的株位。株位中心用铁锹铲一小坑，内撒白灰，作为定位标记。点位定好后，要进行验点，验点合格后方可进行下一步施工操作。

在自然式种植中，施工放线常用网格法、仪器测量法和交汇法。

网格法是指根据植物配置的密度，先按一定的比例在设计图和现场分别打好等距离的方格，然后在图上量出植物在某方格的坐标尺寸，再按此方法量出在现场的相应方格位置。此法多用于范围大、地势平坦而植物配置复杂的绿地。

仪器测量法是用经纬仪或小平板仪根据地上原有基点或建筑、道路，将植物依照设计图依次确定植物的位置。此法适用于范围大、测量基点准确而植物较少的绿地。

交汇法是以建筑的两个固定位置为依据，根据设计图上与该两个固定位置的距离相交汇，定出植物位置。此法适用于范围小、现场建筑或其他地物与设计图相符的绿地。

(2) 挖种植穴

定点放线后，根据确定的株位挖种植穴。种植穴一般为圆形，绿篱等可以挖成种植槽。大小、深度应大于土球苗木侧根的幅度和主根长度。对于土壤条件差、土层浅的地段，穴的规格应适当加大 1 ~ 2 倍。

在挖的过程中，表土与心土要分开堆放，回填时表土覆在苗木根部。挖好种植穴或种植槽，要求穴壁尽量垂直，穴底挖松抚平，避免出现上大下小的"锅底坑"。

2. 苗木的起苗、包装、运输与假植

(1) 起苗

起苗也叫掘苗，是指把苗木从原生长地 (苗圃或野外) 挖出的过程。苗木起掘的好坏直接关系到种植的成活率及绿化效果。因此，一定要把握最佳起苗时间，做好起苗前的准备工作，规范地完成起苗工作。

①起苗时间。起苗时间因地区和树种不同而有差异，一般多选择秋冬季休眠后或春季萌动前进行。在有些地区，雨季也是起苗的好时机。

②起苗前的准备。在起苗前，首先根据需要在苗圃中选择符合质量标准和规格的对象，同时做好标记。当土壤偏干时，要在起苗前 2~3 天灌透水以利挖掘。对于分枝低矮、冠幅较大的苗木，要用草绳等将树冠适当捆拢，以方便起苗操作和运输。

③起苗方法。起苗的规格对苗木的成活有重要影响。合理的规格能够保证尽可能经济而且损伤小地使所种植的树木成活。一般情况下，乔木挖掘的根部直径为树干胸径的 8~12 倍；落叶花灌木挖掘的根部直径为苗高的 1/3；分枝点高的常绿树挖掘根部直径为胸径的 6~10 倍；分枝点低的常绿树挖掘根部直径为苗高的 1/3~1/2。

根据是否带土，起苗可以分为裸根起苗和带土球起苗。

裸根起苗常用于处于休眠期的落叶乔灌木以及少数常绿树小苗。起苗时要尽量多地保留根系，留些宿土。对于不能及时种植的苗木，可采用假植。

带土球起苗适用于常绿树、古树名木以及较大的花灌木。有些植物生长季种植也常用此种方法。起苗时，先铲除树干周围表层土壤，然后按规定半径画圆，在圆外垂直开沟到所需深度后向内掏底，边挖边修土球，直至把土球挖出。

（2）包装

裸根苗木一般不需要进行包装。如果需要长途运输，为避免根系过分失水，可以用湿草对根系进行包裹或打泥浆。

带土球的苗木是否需要包装依土球大小、土质紧实度以及运输远近而定。一般情况下，较小的土球可不进行任何包扎；对于直径小于 50 cm 的土球，如果土质松散，可以用稻草、塑料布等在穴外铺平，然后将修好的土球放在上面，再将其上翻扎牢；对于直径大于 50 cm 土球的包扎，常采用橘子式、井字式和五角式。

（3）运输与假植

对于起好的苗木，装运前进行一次清点，无误后装车。装车时将苗木根部装在车厢前面，先装大苗，空隙填放小苗。树干与车厢接触处要垫稻草，苗木间要垫衬物，尽量减少对苗木的损伤。土球要轻拿轻放，防止土球松散。对于树冠大、拖地的枝要用绳索拢起垫高避免拖地。长途运输时苗木上要加盖苦布，防止日晒雨淋。

苗木起苗后经运输到达施工现场后一般应马上种植，对于不能立即种植的要进行假植。对于裸根苗木假植可以采用湿草覆盖或开沟根部覆土的方法。带土球的苗木假植时应集中堆放，周围培土，上部树冠用绳索拢好。假植苗木要及时进行浇水和叶面喷水。

3. 种植前苗木处理

(1) 保湿处理

苗木经过运输，根系及地上枝叶部分水分散失导致植株体内缺水。为了及时补充植物体内水分，常采用浸水、蘸泥浆、喷洒抗蒸腾剂等方法维持植物水分平衡。

(2) 苗木修剪

苗木在挖掘过程中，根系都受到不同程度的损伤，植物根冠比减小。为了使根冠比恢复正常，应结合苗木整形，人为地修剪过于冗繁的枝条，调整地上部分与地下部分的平衡。与此同时，对受损严重的根部进行修剪有利于伤口愈合和新根的产生。

在修剪时，剪口要求尽量平整、不劈不裂，以利伤口愈合。对于较大的伤口，应涂抹防腐剂。种植乔木(特别是裸根乔木)前，应采取根部喷布生根激素，促使栽后的新根生长。

4. 种植技术

(1) 带土球栽植

①种植的乔木应保持直立，不得倾斜。乔木定向应选丰满完整的面，朝向主要视线。

②定植时土球(或种植穴)底部堆放20～30 cm土层，以使土球底部透水、透气，便于新根系的生长。

③乔木栽植深度应保证在土壤下沉后，根茎和地表面等高。移植处在地面低洼时，应堆土填高。

④不论带土球移植还是裸根移植，坑内填土都不得有空隙。

⑤带土球种植。先踏实穴底土层，然后将植株放入种植穴并定位，去掉包扎物，再将细土填在土球四周，最后逐层捣实、浇水，直到填土略高于球面不再下沉后，做围堰并浇足定根水。整个过程不可破坏土球。

（2）裸根栽植

将根群舒展在坑穴内，填入结构良好、疏松的土壤，并将乔木略向上提动、抖动，扶正后边培土边分层夯实，不断填土、浇水，直到土面略微高出根茎 10 cm 左右并不再下沉为止，做围堰，并浇足定根水。

（3）技术要求

①确定合理的种植深度。种植深度是否合理直接关系苗木的成活。栽种过浅，根系容易受到外界影响而脱水；栽种过深，容易造成根系窒息而死亡。一般情况下，要求苗木根茎部原土痕与种植穴地面平齐或比其略低3～5 cm。

②根据植物的生长特性和绿化要求确定正确的种植方向。栽种高大的树木，应保持其原生长方向；对于较小或移栽容易成活的苗木，在种植时应尽量将观赏面好的一侧朝向主观赏方向；树冠高低不同时应将低的一面作为观赏面；苗木弯曲时，应使弯曲的一侧与行列方向一致。

③保持根系与土壤紧密接触。在种植中，尤其是裸根种植，保持根系与土壤接触紧密是提高成活率的重要措施。栽种前根系蘸泥浆，覆土后踩实，栽后浇定根水，都可有效提高根系与土壤的接触程度。

（4）栽后管护

①开堰浇水。栽植后，浇透第一遍水，3天内浇第二遍水，一周内完成第三遍水。浇水应缓浇慢渗，出现漏水、土壤下陷和乔木倾斜，应及时扶正、培土。黏性土壤，宜适量浇水；根系不发达树种，浇水量宜较多；肉质根系树种，浇水量宜少。

②设立支架。在进行大树栽植或在栽植季节有大风的地区，栽植后应立支架固定，防止树体晃动而影响生根。裸根苗木栽植常采用标杆式支架，即在树干旁打一杆桩，用绳索将树干缚扎在杆桩上。带土球苗木在苗木两侧各打入一杆桩，杆桩上端用一横担缚连，将树干缚扎在横担上完成固定。在设立支架时需要注意，支架不能打在土球或骨干根系上。在后期的养护中，如果移植乔木随地面下沉，应及时松动支撑，提高绑扎位置，避免吊桩。

③树干包裹与树盘覆盖。对于干径较大的苗木，定植后须进行裹干，即用草绳、蒲包、苔藓等具有一定保湿性和保温性的材料，严密包裹主干和比较粗壮的一、二级分枝。裹干可避免强光直射和干风吹袭，减少干、枝的水分蒸腾，同时减少夏季高温和冬季低温对枝干的伤害。

④搭架遮阳。对于大规格苗木以及高温干燥季节栽植，要搭建阳棚遮阳，减少树体的水分蒸腾。方法是在苗木上方及四周搭设阳棚。阳棚与树冠保持 30 ~ 50 cm 间距以保证棚内有一定的空气流动空间。阳棚的遮阳度为70% 左右，让树体接受一定的散射光，以保证树体光合作用的进行。

六、特殊立地环境的种植

(一) 铺装地面的种植

在城市绿地建设中常需要在具有铺装的场地进行种植，如广场、停车场、人行道等。往往这些立地在施工时没有考虑植物种植的问题，进而导致种植槽浅、土质差、土壤通透性差，加之地面辐射大、气温高、湿度低，极易造成种植的失败。

在铺装地面的苗木种植要注意以下几点：

1. 种植时选择根系发达、抗逆性强的树种。

2. 适当更换种植穴土壤（一般更换深度为 50 ~ 100 cm），改善土壤肥力和通透性。

3. 树盘处理以增加根系土壤体积。通过树盘地面种植花草、覆盖，可以有效地保墒，同时起到美观的作用。

(二) 屋顶花园的种植

在城市绿化中，为了提高绿化面积，改善生态环境，提供休闲场所，屋顶花园越来越受到人们的重视。然而屋顶花园受屋顶荷载的限制，不可能堆放过厚的土壤，进而导致土层薄、有效土壤水容量小、肥料差。同时，屋顶受太阳直射，光照强，温差大，环境恶劣。

1. 植物种类选择

在选择植物时，尽量选适应能力强、易栽培、耐修剪、生长缓慢、低矮、抗风的种类，如罗汉松、铺地柏、紫薇、桂花、山茶、月季、蔷薇、常春藤、紫藤等。

2. 种植类型

（1）地毯式

地毯式适用于承受力小的屋顶，常以草坪或低矮灌木进行绿化。种植土壤厚度，一般为 15～20 cm。常用的植物种类有金银花、紫叶小檗、迎春、地锦、常春藤等。

（2）群落式

群落式适用于承受力不小于 400 kg/m² 的屋顶。土壤厚度为 30～50 cm。常选用生长缓慢或耐修剪的小乔木或灌木，如罗汉松、红枫、石榴、杜鹃等。

（3）庭院式

庭院式适用于承受力大于 500 kg/m² 的屋顶。可将屋顶设计成露地庭院式绿地。在种植植物的同时，还可以设置假山、浅水池等建筑。但为了安全，应将其沿周边或有承重墙的地方安置。

3. 种植技术

（1）屋顶防水防腐处理

屋顶花园在建造前，首先要对屋顶的地面进行防水防腐处理，避免渗流造成不必要的损失。常用的防水处理有刚性防水层、柔性防水层和涂膜防水层等。为提高防水效果，最好采用复合防水层，并做相应的防腐处理，以防止水分等对防水层的腐蚀。

（2）种植方式

种植时常有直铺式种植和架空式种植两种。直铺式种植是指在防水层以上直接铺设排水层和种植层。架空式种植是指在距离屋面 10 cm 处设混凝土板和种植层，混凝土板设有排水孔。和直铺式种植相比，架空式种植排水更加通畅，但因下部隔层土壤较浅，植物长势不佳。

（三）园林植物的容器种植

在商业街、广场等地段中，植物种植受地下管线、地表铺装、水泥硬化等影响而不能正常进行。为了增加城市绿量，营造植物景观，常常采用容器种植的方式进行处理。

1. 植物种类选择

种植容器中土壤、空间有限，因此在选择植物时，应尽量选择生长缓慢、浅根性、抗逆性强的种类，如罗汉松、山茶、月季、桂花、八角金盘、菲白竹等。

2. 种植容器与基质

(1) 种植容器

可以根据实际需要选择容器。常见的种植容器的材质有陶质、瓷质、木质、塑料等，形状各异。容器大小因种植的植物种类和大小而异，以能满足植物生长所需的土壤为度。容器的深度要求能够固定树体，一般中等灌木为40 ~ 60 cm，大灌木和小乔木为80 ~ 100 cm。

(2) 种植基质

为了便于容器的移动，种植基质应尽量轻；为了适应植物生长，基质还要求疏松透气、有机质含量高。常用的基质有草炭、稻壳、珍珠岩、泥炭等。使用时按一定的比例进行混合。

七、成活期的养护管理

(一) 扶正、培土

风吹和人为干扰等因素容易导致新种植的苗木晃动、倾斜，导致根系与土壤接触受到影响，应及时扶正，同时踩实覆土；如果树盘下沉，应及时覆土填平，避免积水烂根。

(二) 加强水分管理

刚刚种植的苗木新根尚未长出，体内水分平衡还没有恢复，苗木对水分非常敏感。因此，成活期的水分管理正确、及时是保证种植成功的关键。

栽植后应立即浇透第一遍水，3天内浇第二遍水，一周内浇第三遍水，浇水应缓浇慢渗。出现漏水、土壤下陷和乔木倾斜，应及时扶正、培土。当气温较高、水分蒸腾较大时，应对地上部分树干、树冠包扎物及周围环境喷雾，早晚各一次——在上午10时前和下午3时后进行，达到湿润即可。同时可覆盖根部，向树冠喷施抗蒸腾剂，降低蒸腾强度。久雨或暴雨易造成根部积水，必须立即开沟排水。为了更好地给树体补充水分和养分，常采用输液的方式。具体做法：用铁钻在根茎主干和中心干上每隔 80~100 cm 向下与树干呈 30° 夹角，交错钻一个深达髓心的输液孔。孔径与输液用的针头大小一致，孔数视植株大小而定，分布要均匀。然后用专用注射器，从钻孔把配液输入，输完后用胶布封贴钻孔，以便下次揭去胶布再输液。配液用泉水或井水烧开后的冷开水或磁化水，每千克水加 0.1 g5 号生根粉和 0.5 g 磷酸二氢钾，以促进植株生根、发叶和抽梢。

（三）适当施肥

移栽苗木的新根未形成和没有较强的吸收能力之前，可采用叶面施肥。具体做法是用尿素、硫酸铵、磷酸二氢钾等速效性肥料配制成浓度为 0.5%~1% 的肥液，选在阴天或晴天早晚进行叶面喷洒。一般 10~20 天进行一次，重复 4~5 次。

（四）除萌与修剪

在苗木移栽中，经强度较大的修剪，树干或树枝上可能萌发出许多嫩芽、嫩枝，消耗营养，扰乱树形。在苗木萌芽以后，除选留长势较好、位置合适的嫩芽或幼枝外，其余应尽早抹除。

此外，受起苗、运输、种植的影响，苗木常常出现枝条枯死的现象，应及时剪去。常绿树种，除丛生枝、病虫枝、内膛过弱的枝外，当年可不必剥芽，到第二年修剪时进行。

（五）成活调查与补植

定期检查苗木的成活情况，防止苗木"假活"。判断乔木是否成活，一般至少要经过第一年的高温干旱考验。银杏等树体养分丰富的树种，一般要经过 2~3 年的观察才能确定。对于死亡的植株，要及时进行补植。

若叶绿有光泽，枝条水分充足，色泽正常，芽眼饱满或萌生枝正常，则可转入常规养护。

第三节　大树移植

城市建设水平的不断提高对城市绿化提出了越来越高的要求。在一些建设项目中要求尽量体现绿化效果，大树移植应运而生。

一、大树移植的概念和特点

(一) 大树移植的概念

大树移植，即移植大型树木的工程。所谓大树，一般指胸径达到15~20 cm，高度在4 m以上，或树龄在20年以上，处于生长发育旺盛时期的大乔木。

(二) 大树移植的特点

和一般苗木种植相比，大树移植营造景观效果快。但是因树体太大，根系分布广，起苗移栽过程受到的损伤更严重。大树移植具有成活困难、移植时间长、成本高等特点。

二、大树移植技术

(一) 大树移植前的准备

1.选树，制订移植方案

移植前，应对移植大树的生长情况 (生长势)、立地条件 (土壤)、周围环境、交通状况等做详细调查研究，制订移栽的技术方案。

2.围根缩坨

围根缩坨，也称回根、盘根、截根，是指在移栽前1~2年对要移栽的大树进行切根 (缩坨)。切根范围按预定比其挖土球的规格小10 cm，以树干为中心分年度环形交替切根。切根时间一般在春季树木萌芽前，也可在夏季地上部分停止生长后或秋季落叶前根部生长期进行。

3. 修剪

起苗之前应对树冠进行修剪。对于萌发力强的树种可以进行截干。修剪可结合树冠整形进行，采用疏剪和缩剪的方式剪去树冠的 1/3 ~ 1/2。同时，剪除枯枝、病枝、纤细枝、重叠枝、内向枝。修剪时，剪口应平滑，不得劈裂，修剪直径 2 cm 以上的枝条时，必须削平并做防腐或接蜡处理。

（二）大树移植的方法与技术

1. 移栽时间

落叶树最适合移植的时间为秋季落叶到次年春季发芽前，常绿树一般适合在春季移植。

2. 大树起挖与包装

大树在起挖前必须拉好浪风绳，做临时固定，其中一根必须在主风向上位，其余均匀分布、均衡受力。同时在树干上做好主观赏面和树木阴阳面明显标记。起挖的根盘或土球直径必须达到树干地径的 7 ~ 10 倍，土球厚度必须包括大量的根群在内。生长较弱或非种植季节移植的大树，土球必须适当放大。土球直径在 2 m 以下的，可用草绳软包装；在 2 ~ 3 m 范围内的，应采用双层或多层反向网包装并腰箍；3 m 以上的，须采用土台形方箱硬包装。对于大于 2 cm 的剪口必须进行伤口修复和消毒防腐处理。

3. 大树的装卸、运输

大树装卸常采用起重机吊运和滑车吊运两种方法。装卸起吊时，起吊绳一头必须兜底通过重心，另一头拴在主干中下部，使大部分重量落在泥球一端，严禁吊绳结缚树干起吊。起吊装运时，根部必须放在车头；树冠倒向车尾顺车厢整齐叠放，树冠展开的树木用绳索捆拢树冠，叠放层以不压损树干（冠）为宜；树身和车板接触处应用软性衬垫保护和固定，防止损伤树枝。运输过程中做好遮阴、保湿、防风、防晒、防雨、防冻等工作。

4. 大树的栽植

栽植前应根据设计要求定点、定树、定位。栽植穴的直径应大于根盘或土球直径 50 cm 以上，比土球高度深 30 cm 以上。栽植穴底应施基肥，栽植土的理化性状要符合所植树木的生长要求。种植时，应严格按照树木原生长方向，注意将丰满、完整的树冠面朝主观赏面。在大树栽植过程中要注意以下几个方面：

（1）大树起吊栽植必须一次性到位，不得反复起吊，避免损坏土球，破坏根系。入穴定位后，应采用浪风绳对大树做临时固定。

（2）栽植培土前，小心取下包装物，随后分层填土夯实，并沿树穴外缘用土培筑灌水堰。

（3）大树栽植后必须立即拆除浪风绳，设立支柱支撑，防止树身倾斜、摇动。

（4）大树栽植后必须立即浇水一遍，隔2~3天后再浇第二遍水，隔一周后再浇第三遍水。每次都要浇透，浇水后应及时封堰。

（5）大树移植后必须把主干和一、二级主枝用草绳或新型软性保湿材料卷干。

三、大树移植后的养护管理

大树移植后要加强养护管理，尤其是在种植后1~2年内。

第四章　林业种苗发展及育苗技术

第一节　林业种苗发展的基础理论

一、林业分工理论对林木种苗发展的意义

(一) 我国林业分工理论内涵

20世纪90年代，我国提出了"林业分工论"理论，可以概括为"局部上分而治之，整体上合二为一"，对"森林多种功能主导利用"的分工，具体来说，就是拿少量的林业用地，搞木材培育，承担起生产全国所需的大部分木材的任务，从而把其余大部分的森林，从沉重的木材生产负担下解脱出来，发挥生态功能。从发展战略和经营思想出发，按照森林的用途和生产目的，林业可以划分为商品林业、公益林业和兼容性林业三大类。商品林业是以主要提供社会所需的各种林产品为基本职能的林业，包括用材林、经济林等；公益林业是把生态保护、涵养水源、动植物基因保存、水土保持、景观保护、游憩保健、绿化美化等任务作为主体功能的林业；兼容性林业主要经营目的是保护和扩大森林生态系统，保持较长期的稳定，以发挥生态功能，同时也兼顾木材和其他林产品生产。这就提出把不分主次利用同一个森林的多种功能转变为侧重利用森林的某一功能，把对森林的粗放经营转变为重点的集约经营，把以原木形态的初级产品结构转变为以深加工产品为主体的新的林产品结构，把林业的企业事业不分转变为商品性与公益性相对独立，分工协作的林业新格局，从而按照林业的自然规律和经济规律，对林业的内在有机联系与结构做出科学准确的分析，把握林业客观存在的不同特征，制定不同的目标、政策、措施。

(二) 林业分工理论对我国林木种苗发展的重要指导意义

20 世纪 50 年代以后，特别是改革开放以来，我国林木种苗事业得到长足发展；2000 年以后，我国投入 40 多亿元国债资金建设了一大批林木种苗项目，林木种苗的基础设施得到明显改善，生产能力显著提高。但是长期以来，我国林木种苗培育主次不分、目的不明，政策措施难以到位，在投资方式、方向和结构上存在一定的不合理性，投资的林木良种基地项目少，苗圃项目占绝大部分，并且投资基本采取一次性方式，主要用于基建和购置设施，对林木良种基地，没有相应的科研投入和技术支撑，缺乏后期经营管理费用，造成林木种苗持续发展能力不足。那么，我国林木种苗应该如何发展？ 种子、苗木应该如何分类指导，采取什么样的不同政策设计，从根本上提升我国林木种苗发展水平，这就需要与此相关的理论指导。

运用林业分工理论原理进行分析，得知道林木种质资源是遗传多样性的载体，也是生物多样性和生态系统多样性的基础，关系到国家的生态安全。这种资源既是林木良种繁育的原始材料，也是林业生产力发展的基础性和战略性资源。林木良种是林业知识和技术创新的载体，具有公共物品的两个基本属性：一个是非竞争性消费。一个人的消费不减少其他人的消费。另一个是非排他性消费。林木良种发展具有继承性、长期性、地域性、超前性、持续性的特点，决定了它是一种公共物品，林木良种选育生产是公益性行为，生产公共产品，形成公共资源，属于社会公共事业，因此以选育生产林木良种及保护和培育林木种质资源为主要任务的林木良种生产基地（包括林木良种基地、林木良种繁育中心、林木种质资源库），同样属于社会公益性事业单位。林木种子储备，一方面可以解决以丰补歉，满足林业生产的需要和特殊情况下种子供应；另一方面丰年的种子质量明显优于歉年，可以保证造林质量。在林木种子储备过程中种子采集、加工、更新、运行和损耗，也是一项社会公益性事业；苗木是一种特殊商品，苗木生产市场化特征明显，同时一些生态林苗木生产又因经济效益很低，市场不愿意生产。因此，林木种苗可以按照主导功能和生产目的划分为公益性种子建设工程、商品性苗木培育工程和兼容性种苗建设工程三大类。公益性种子建设工程，是以承担林木遗传基因保存、提供各类繁殖材料和保障发生灾害时种子急需的公益性事业为主体功能的建设，包括林木种质资源收集保存，林木良种选育、生产，林木种子储备等；商品性苗木培育工程，以主要提供绿化所需的各类种植材料为基本职能的苗木生产；兼容性种苗建设工程，主要经营目的是维护林木遗传多样性，保障林木种子供应和培育林木良种苗木、生态林苗木、珍贵树种苗木等技术含量高、经济效益低的种苗，包括林木采种基地、保障性苗圃。按照这一划分，进而制定不同的目标、政策和措施。

二、现代林业理论对林木种苗发展的意义

(一)世界各国现代林业思想

20世纪80年代以来，随着生态危机的凸现，人们对传统林业经营思想和经营模式进行了反思，尤其是20世纪80年代中期以来，世界各国林业经营思想都发生了巨大变化，都在探索现代林业的发展道路，相继提出了各种各样的理论，提出了生态林业概念，后又逐渐演化为可持续林业、现代林业。在具体的经营目标和重点上，虽然千差万别，但总体思路和发展方向基本一致，都在不断重视生态环境作用，兼顾生态与经济的协调。其中，比较有代表意义的有奥地利的"森林经营新模式"，其目的是实现不破坏生态平衡的环境保护与经营；瑞典的"立地特点林业"，认为"合理林业可与小规模自然保护和景观并存"；加拿大的"模式森林计划"，以森林生态经营思想为基本原则，大力倡导公众参与，积极引入科学技术和生态技术，持证经营，充分实现森林多种价值；修正的热带"近自然森林经营"，要求从整体出发，经营森林生态系统，以保证生态系统的生产率与稳定性；德国的"正确林业"，采取"与健全的科学知识和经验证明的实践准则一致的经营方法，同时，保证林地的经济与生态生产率，从而实现物质与非物质机能的永续"；日本的"森林林业流域管理系统"，则从日本国情出发，把森林作为"绿色和水"的源泉，按照流域来进行经营管理。

21世纪，我国对现代林业发展道路进行深入系统的研究与探索。张建国和吴静和认为，现代林业是在现代科学认识的基础上，用现代技术装备和用现代工艺方法生产以及用现代科学管理方法经营管理的并可持续发展的林业。持续林业是现代林业的发展战略目标，生态林业是现代林业的基本经

营模式，社会林业是现代林业的基本社会组织形式。王焕良等认为，现代林业是适应不断变化的社会需求，追求森林多种功能对社会发展的实际供给能力，结构合理，功能协调，高效及可持续的林业发展方式。江泽慧等认为，现代林业是充分利用现代科学技术和手段，全社会广泛参与保护和培育森林资源，高效发挥森林的多种功能和多种价值，以满足人类日益增长的生态、经济和社会需求的林业。现代林业是以可持续发展理论为指导，以生态环境建设为重点，以产业化发展为动力，以全社会共同参与和支持为前提，积极广泛地参与国际交流与合作，实现林业资源、环境和产业协调发展，经济、环境和社会效益高度统一的林业。总之，现代林业是以满足人类对森林的生态需求为主，多效益利用的林业。贾治邦认为，现代林业具有多种功能，能够满足社会的多种需求，为社会创造多种福祉。贾治邦进一步提出，现代林业，就是科学发展的林业，以人为本、全面协调可持续发展的林业，体现现代社会主要特征，具有较高生产力发展水平，能够最大限度拓展林业多种功能，满足社会多样化需求的林业。

(二) 现代林业理论的含义

现代林业理论是一个比较完备的不断丰富、发展的林业建设、改革与发展的科学体系。该理论体系包含着丰富的内容。关于林业发展本质的理论，第一要义是发展，必须用现代发展理念引领林业，紧紧抓住发展这个主线，一心一意谋发展，聚精会神搞建设。

关于林业发展根本任务的理论，主要构建三大体系，从而提升三大功能，发挥三大效益，三大体系建设互为补充，相得益彰，必须综合统筹、全面推进：一是完善的林业生态体系。通过培育和发展森林资源，着力保护和建设好森林生态系统、荒漠生态系统、湿地生态系统，在农田生态系统、草原生态系统、城市生态系统等的循环发展中，充分发挥林业的基础性作用，努力构建布局科学、结构合理、功能协调、效益显著的林业生态体系。二是发达的林业产业体系。国家切实加强第一产业，全面提升第二产业，大力发展第三产业，不断培育新的增长点，积极转变增长方式，努力构建门类齐全、优质高效、竞争有序、充满活力的林业产业体系。三是繁荣的生态文化体系。国家普及生态知识，宣传生态典型，增强生态意识，繁荣生态文化，树立生态道德，弘扬生态文明，倡导人与自然和谐的重要价值观，努力构建主题突出、内容丰富、贴近生活、富有感染力的生态文化体系。

对于林业发展战略的理论，现代林业发展目标是以林业的多功能满足社会的多需求，必须借助现代科学技术手段，用现代物质条件装备林业，用现代信息手段管理林业，用现代市场机制发展林业，用现代法律制度保障林业，用扩大对外开放拓展林业，用培育新型务林人推进林业，努力提高林业科学化、机械化和信息化水平，充分挖掘林业的巨大潜力，提高林地产出率、资源利用率和劳动生产率，提高林业发展的质量、素质和效益。

对于林业发展阶段的理论，全面推进现代林业建设是一项长期而艰巨的任务，也是一个循序渐进的过程，因此必须从我国国情出发，遵循客观规律，有重点、按步骤、分阶段地向前推进。

对于林业发展动力的理论，改革是解决林业发展体制机制问题的根本。实际上，全面推进现代林业建设的过程既是一个不断深化林业改革、建立新型体制机制、理顺生产关系的过程，也是一个改造和提升传统林业，转变发展方式、发挥多种功能、满足社会多样化需求、实现可持续经营的过程。按照我国经济体制转型的要求，在不断深化和完善林业分类经营管理体制改革的基础上，以全力抓好林业产权制度改革为重点，带动其他各项林业改革的不断深化，逐步形成符合现代林业发展要求的新型体制机制、产权制度、经营形式、市场主体、动力机制、行政方式、政策措施等。一方面，该由市场做的，让市场的作用发挥充分；该由政府做的，把政府的责任落实到位。另一方面，充分激发林业的内在活力，调动林业经营者的积极性，增强林业发展动力。

对于林业建设核心的理论，现代林业建设核心是兴林富民，兴林是为了富民，通过富民促进林业又好又快发展。全面推进现代林业建设既是落实科学发展观的基本要求，也是林业发展到现阶段的必然选择，更是今后一个时期林业工作的旗帜、方向和主题。

(三) 现代林业理论对林木种苗发展的意义

推进现代林业建设，要求切实转变林业发展方式，着力提高林业质量效益，在全面提高森林经营水平的同时，首先和根本的是抓好林木种苗，要求林木种苗由数量保障型向质量效益型转变，全面提高良种壮苗使用率。牢固树立"林以种为本，种以质为先"的理念，以林木良种为核心，大力推进造林良种化、良种生产基地化、苗木生产供给市场化、种苗管理法制化，确保种苗高质量。

三、生态文明理论对林木种苗发展的意义

（一）人类文明发展历程

人类社会大约有 400 万年的历史，经历了三个阶段，即原始文明、农业文明、工业文明阶段，现在正走向生态文明阶段。原始文明，历经了近 400 万年时间，它是"自然中心主义的文明"，在这一时期，人类对自然界基本处于依赖、顺从、迷惑、恐惧的状态，自然成了人的主宰，人成了自然神的奴隶，由于人类直接从自然中取食，一个地方的食物不够他们就移居，所以人类不会对自然生态环境做出多大的破坏，世界仍然是绿色的。农业文明有近 1 万年的历史，它是"亚人类中心主义的文明"，在这一时期，发明了种植业和畜牧业，以乡村方式定居，为了灌溉、兴修水利等，开始了对自然生态环境的破坏，但是，人类对自然的支配是十分有限的，人类既利用自然又仍然在一定程度上依赖自然、顺从自然。工业文明是近 300 年的事，它既是"人类中心主义的文明"，也是人类以科学技术为手段控制和改造自然的时代。人类广泛利用机械化大生产，开采矿石，采伐森林，修筑公路、铁路，充分利用各种不可再生能源和可再生能源。人类在短短三四百年创造了非常丰富的物质财富和精神财富，超过了以往一切时代的总和。工业化的强大力量，使人们凌驾于自然的能力达到空前高度，人类出现了忘乎所以的现象，不尊重自然规律，对生态环境的破坏超过了以往所有的时代的总和，造成自然资源枯竭、森林锐减、生物灭绝加剧、水土流失、沙漠化严重、大气污染、臭氧层破坏等生态恶化问题，这是一种以牺牲环境为代价的高消耗，低产出的发展模式。

综上所述，人们对工业文明进行反思，希望有一个新的文明方式取代工业文明，不断改善人与自然的关系，建立起一种人与自然、人与社会的和谐协调、共同发展的文明形式，这就是生态文明。

（二）生态文明理论的含义

生态文明是人类对工业文明造成生态危机从而危及人类生存的深刻反思的结果，也是人类拯救自己的需要。它是指人类在物质生产和精神生产中充分发挥人的主观能动性，按照自然生态系统和社会生态系统运转的客观规律建立起来的人与自然、人与社会的良性运行机制，和谐协调发展的社会文明形式。该理论主要是研究人与自然、人与人、人与社会之间的关系，特别是人与自然之间的和谐关系。它是人类物质、精神和制度的总和，生态文明是一个高度复杂的系统，至少有三个层面：一是物质生产层面，生态文明是人们生产和生活的产物，也是社会生产方式发展的结果，人们不能像工业文明时代那样粗暴地对待自然，要遵循自然生态系统的规律，文明地善待自然，人类与自然生态系统共同繁荣、共同发展；二是机制和制度层面的，生态文明是自然生态系统和社会生态系统协调发展，良性运行的一种机制，包括政治、经济、科学和文化的结构，要做到文明地善待自然，就必须重构经济体系，发展绿色经济，重构科技体制，发展绿色科技，重构文化的政治的体制，实现人与人、人与社会的公正、平等；三是思想观念层面的，生态文明也是人类精神生产的产物，如生态文明价值观、伦理观、道德规范和行为准则，等等。

综上所述，生态文明要求人类和自然的和谐以及人类自身的和谐，处理好人与自然的关系、环境与发展的关系、物质财富与生活质量的关系，以达到自然生态系统和人类社会系统的协调、可持续发展。

（三）生态文明对林木种苗发展的意义

随着时代的进步，人们的思想意识发生改变，逐步对生态文明建设提高了重视。林木种苗的生产发展有效促进了生态文明建设的持续发展。怎样才能在林业中坚持持续发展，成为目前社会所关注的话题。从某种意义上讲，人类文明的进步是与林业发展相伴相生的。森林孕育了人类，也孕育了人类文明，并成为人类文明发展的重要内容和标志。生态文明是继农业文明、工业文明之后迄今为止人类文明的最高形态，也是现代社会高扬的精神旗帜，更是现代人类共同的价值追求。发展林业是实现人与自然和谐的关键和纽带，也是推进生态文化建设的载体和平台。在生态文明建设中，林业居于基础地位，处在前沿阵地，扮演着关键角色，发挥了先导作用，肩负着不可替代的历史使命。"弘扬生态文化，加强生态文明建设"是新世纪我国经济社会发展的重要历史性任务。我们不仅要担当起生态建设的重任，还要做发展生态文化的先锋，不仅要创造大量的生态成果和物质成果，还要尽可能多地创造出丰富的文化成果，树立和传播人与自然和谐重要的价值观，做生态文明的倡导者、实践者和推动者，为现代文明发展做出林业独特的贡献。我们必须站在国家目标和发展战略的高度，把关注森林，植树造林，维护国土生态安全作为一项长期的任务持之以恒地抓下去。大力弘扬生态文化，牢固树立人与自然和谐理念；大力倡导绿色生活，努力推进生产生活方式的转变；广泛凝聚社会力量，创建绿色家园，共同建设生态文明，让人们真正生活在青山绿水、蓝天白云的美好环境之中。构建生态文明是在对经济社会发展规律深刻认识和对生态环境保护进行深刻反思的基础上做出的重大战略决策，对促进我国可持续发展具有重大意义，对维护全球生态安全、推动人类社会文明发展具有深远影响。构建生态文明是人类社会发展的必然选择，也是一项长期而艰巨的工作和奋斗目标。

林木种苗是林业的基础和源泉，林木种苗事业的持续发展，对于建设生态文明，促进林业建设进入良性发展具有十分关键和不可替代的作用。我们要紧紧围绕生态文明建设对林业发展战略的要求，以促进林业和国土绿化可持续发展。以构建社会主义和谐社会及全面建设小康社会为中心，把保障现代林业建设和国土绿化所需林木种苗作为种苗工作的第一要务，不仅要满足种苗数量供应，更要最大限度地满足现代林业建设对种苗质量需求，满足城乡造林绿化速度、结构与效益的需要；让种苗发展的成果惠及林农群众，最大限度地维护人民利益；不仅满足当代林业发展对种苗的需求，而且不损害子孙后代林业发展满足其需求的能力；大胆吸收和应用林业先进科研成果，紧紧把握时代脉搏，实现种苗发展的良性循环，推进林业可持续发展。

四、系统科学和系统工程理论对林木种苗发展的意义

系统科学是20世纪科学发展的理论成果，也是自然科学、数学、社会科学三大基础科学之外，形成的一个新的学科。作为一门科学的系统论，人

们公认是由美籍奥地利人、理论生物学家 L.V. 贝塔朗菲创立的。系统论按照事物本身的系统性，把对象放在系统方式中加以考察，它融会贯通了两个方面的内容：一方面，从工程实践中提出来的技术科学，即运筹学、控制论和信息论；另一方面，来自数学和自然科学的理论成果，如 Von Bertalan 的一般系统论和理论生物学、H.Haken 的协同论、L.Prigogine 的耗散结构。

（一）系统科学论的基本原则

1. 系统科学论的整体性原则

整体性原则是系统科学理论的核心概念，它源自古希腊哲学家亚里士多德的思想："整体不等于单元之和。"单元一旦被有机地组织起来，就不再作为单个单元而存在。若单元之间协同一致，结构良好，总体就大于单元之和，系统功能效果突出；反之，单元之间步调不一，协调不好，结构不良，则总体就小于单元之和，系统功能效果降低。

2. 系统科学论的相关性原则

系统科学论的相关性原则，首先体现在系统要素间不可分割的联系。在系统整体中，各要素不是孤立存在的，它们是由系统的结构连接在一起，相互依存、相互影响。系统创造着自己的环境，环境又规定着自己的系统。

3. 系统科学论的自组织性原则与动态性原则

系统具有能够调节自身的组织、活动的特性，就构成了系统的自组织性原则，是指系统根据其内部各要素之间的相互作用而自发地形成有序结构的现象。但是自组织现象只有在开放系统中才能发生，所以，自组织实际是系统与环境相互作用的结果。由于系统具有自组织性，它对于环境的作用不是被动地接受，而是通过内部活动来不断调节内部组织，以协调与环境的关系。因此，系统不可能保持静态，系统是处于动态之中的，这就形成了系统科学论的动态性原则。

4. 系统科学论的目的性原则

系统科学论的目的性使系统活动最终趋向于有序性和稳态，即要达到的结果或意愿。系统的目的性使各类型系统活动表现为异因同果，殊途同归。

5.系统科学论的优化原则

通过系统的自组织、自调节活动，系统在一定环境下达到了最佳的效果，发挥了最好的功能。优化原则又是和目的性原则联系在一起的，人类能够自觉地进行系统优化，而自然系统的优化是通过自然选择。除此以外，还有系统的转化原则、层次性原则、综合原则等。总之，系统论按照事物本身的系统性，把对象放在系统方式中加以考察。从全局出发，着重整体与部分，在整体与外部环境的相互联系、相互制约作用中，综合地、精确地考察对象，在定性指导下用定量处理它们之间的关系，以达到优化处理的目的。所以系统论最显著的特点是整体性、综合性和最优化。

(二) 系统创新的世界观与方法论

系统创新的世界观具有三性：世界普遍的联系性、世界统一的发展性、世界发展的创新性。而系统的整体性就是创造、创新性的反映，表现为：多个要素的搭配组合可以创造出新的整体系统；相同要素的不同联系组合可以创造出多种整体系统；系统结构的转变可以引起系统奇特的行为。

(三) 霍尔三维结构

展示系统工程各项工作内容的三维（时间维、逻辑维、知识维）结构图，是由美国学者 A.D.Hall 于 1969 年提出的。霍尔三维结构集中体现了系统工程方法的总体化、综合化、最优化、程序化和标准化等特点，它是系统工程方法论的基础。为解决大型复杂系统的规划、组织、管理问题提供了一种统一的思想方法，因而在世界各国得到了广泛应用。霍尔三维结构是将系统工程整个活动过程分为前后紧密衔接的七个阶段和七个步骤，同时还考虑了为完成这些阶段和步骤所需要的各种专业知识和技能。这样，就形成了由时间维、逻辑维和知识维所组成的三维空间结构。时间维，从时间上说，一项系统工程工作可分为七个阶段：规划阶段、计划阶段、系统开发、制造阶段、安装阶段、运行阶段、更新阶段。逻辑维，表示每一个阶段要完成的步骤，共有七个步骤：明确问题、指标设计、系统综合、系统分析、系统优化、系统决策、系统实施。知识维，表示上述各阶段、步骤所需要的各种专业知识和技术要素。把上述七个逻辑步骤和七个时间阶段归纳起来，形成二维结构的系统工程矩阵，我们可以清楚地看出工程在开发过程中的关键问题和进展。

（四）系统工程论对林木种苗发展的意义

作为一种从整体上解决复杂问题的创新的世界观和科学方法论，系统科学体现了当代科学的精神和辩证思维在现代的发展。作为一种新的科学与哲学思维方法，系统科学在现实社会发展实践中表现出更强的创新活力。系统论思想对指导科学技术、社会组织与经济管理的实践与创新有着重要的作用。林木良种选育生产、苗木培育等科研、生产涉及多学科，其使用又具有广泛的社会性，以系统工程理论为指导，对于构建林木种苗发展体系，指导林木种苗项目布局，推进我国林木种苗事业健康发展具有重要的理论和实践意义。

第二节　园林树木育苗技术

在城市绿化建设中，园林苗圃作为绿化工作重要的物质基础，对于园林绿化质量影响重大。要想搞好园林绿化工作，就需要提高树木繁殖能力和育苗效果。随着科学技术的不断进步，新型的育苗方式不断涌现，打破了传统育苗方式存在的问题，让苗木生产工作有了突飞猛进的发展，正在从传统模式向工业化模式的方向转变。园林树木育苗技术主要包括育苗方法的选择和育苗技术。育苗方法主要有播种育苗和营养繁殖，营养繁殖又包括通过扦插、嫁接、埋根、压条、分蘖、组培等方法培育苗木；育苗技术包括种子、圃地选择和处理、播种、扦插、嫁接、压条、分蘖及组培、覆盖、苗期管理、移栽、出圃、分级、包装等。下面本节主要介绍两种常见的育苗方法。

一、播种育苗技术

播种育苗为有性繁殖，所产苗木为实生苗。播种育苗相对而言，其主要有方法简单、繁殖系数大、成本低等特点。该技术为林木育苗户广泛使用，其生产的苗木生命力强、根系发达、寿命较长，也是人工造林使用最广泛的苗木。

(一) 种子处理阶段

1. 精选种子阶段

选播种育苗的种子，其必须具有良好的品质。因此，选播种育苗的种子必须具备以下几个条件：一是必须是良种，即种子园、优良林分及健壮母树的种子；二是采收时必须成熟，干燥、脱粒、分级必须科学，并具有较高的纯净度；三是在播种前，应清除种子中的夹杂物，混沙储藏的种子，须筛去沙粒。

2. 种子消毒阶段

种子消毒技术可以有效防止苗期病害，一般在播种前或催芽前进行，该环节主要包括以下两个步骤：一个是消毒溶液浸种，用0.5%高锰酸钾溶液浸种2小时或3%高锰酸钾溶液浸种半小时；用0.15%甲醛 (福尔马林) 溶液浸种15~30分钟，取出密封2小时后摊开阴干即可播种；也可用0.3%硫酸铜溶液浸种4~6小时，取出阴干即可播种。另一个是药物拌种，可用赛力散 (磷酸乙基汞) 和西力生 (氯化乙基汞) 拌种。

3. 种子催芽阶段

催芽是通过调节温度、湿度、光照处理种子或用化学、机械方法处理种子，打破种子休眠并促使种子正常发芽的措施。通过催芽后的种子，播种发芽迅速，出苗整齐，可提高种子场圃发芽率和促进幼苗生长，提高苗木质量。

催芽主要包括以下几种技术：一是层积催芽。将种子与基质 (蛭石、珍珠岩、河沙等) 混合储藏或分层储藏，放在温度较低和通气良好的环境中促进种子发芽。此方法一般用于休眠期较长的种子，催芽所需时间因树种而异。一般1~6个月，长的需要1年左右，如南方红豆杉、珙桐。二是浸种催芽。通过水的浸泡，促使种子吸水膨胀，种皮变软，有利于种子发芽。除部分过于细小的种子外，大多数园林植物种子都可采用水浸处理催芽。浸种水温和时间因树种而异，处理种皮较薄的种子可冷水浸种 (0℃~3℃)6~24小时，温水浸种 (40℃~50℃) 可处理种皮较厚的种子，一般浸泡1~2天；

种皮厚而坚硬、不易透水的种子可用热水（70℃~90℃）浸种1~2天，每天换水1~2次。三是药物催芽。用化学药剂（苏打水、浓硫酸等）、ABT生根粉（GGR）、植物激素（赤霉素、萘乙酸、吲哚乙酸等）及微量元素（锌、硼、锰、铜等）溶液浸种，解除种子休眠，促进种子发芽。浸种溶液浓度和浸种时间因种子而异。四是机械损伤处理。主要针对种皮坚硬的种子，可将种子与粗砂等混合摩擦，有的种子可适当碾轧，促使其种皮破裂，让空气、水分进入种子，促使其发芽。

（二）圃地选择及整地作床阶段

圃地应选择交通方便、水源充足、地势平坦、土壤肥沃、疏松、湿润的沙壤土、壤土、轻壤土、轻黏土和稻田为宜，黏土、重黏土和蔬菜地不宜作苗圃地。土壤播种前，要打除草剂，并用生石灰、硫酸亚铁、高锰酸钾或多菌灵等进行消毒处理。整地力求精细，要求两犁两耙，施足底肥，底肥以火土灰、腐熟枯饼、高效复合肥、磷肥等为主，然后打碎土块，捡去杂草、碎石后方可作床，床高15~20 m，床面要平，土粒要细，这样才能使种子与土壤紧密结合，以保证出苗整齐、均匀。苗木在黄心土基质内生长较好的树种育苗须在苗床上垫1~2 cm厚的黄心土。

（三）播种

1.播种时间

一般林木的播种时间都在冬季或者春季，即常说的"冬播"和"春播"，具体根据林木种类的特性和苗圃的自然条件等而确定。相较而言，冬播季节性会更长一些，不过其种子的发芽率会更高，出苗的时间会更早，苗木的生长期会更长，这意味着苗木的抵抗力也会更强。而春播则条件比较严苛，需要选择合适的时间，否则可能会遇到晚霜或倒春寒等危害。我国地域辽阔，绿化树种繁多，一年四季皆可播种，但不同地区、不同树种都有其适宜的播种时间。南方主要采用春播、冬播和随采随播。春播：大多数园林绿化树种都适于春播，播种时间1~3月中旬，土壤湿润，气温回升，有利于种子吸水发芽，且从播种到出苗时间短，可减少霜冻、鸟兽危害和苗圃管理工作量。冬播：南方冬季气候温暖，雨水较多，一般采用冬播，便于保持种子活性，同时冬播种子一般比春播发芽早而且整齐。随采随播：一些园林绿化树种种子含水量高、生命力短、不耐储藏，必须随采随播，如柳树、榆树、七叶树等。

2. 播种方法

林木的播种方式较多，但常用的主要有三种：一是点播。一般主要用于大粒种子播种，如银杏、珙桐、七叶树等。在苗床上按一定行距开沟后将种子按一定株距摆于沟内，或按一定株行距挖穴播种。点播较费工，但出苗整齐、健壮，便于后期管理。二是条播。条播是应用最广泛的播种方法，就是按一定行距将种子均匀地播在播种沟内，适宜于中、小粒种子。播种行南北向，行距一般为 10 ~ 25 cm，播幅宽 10 ~ 15 cm。条播较撒播节约种子，有利于管理，被广泛应用于生产实践。三是撒播。一般那些比较小粒的种子更适合这种播种方式。撒播就是将种子均匀地撒在苗床上，适宜于小粒种子播种。撒播充分利用土地，产苗量大，但用种量也大，苗木分化大，管理较难。有些园林绿化树种常通过撒播的方法培育芽苗，然后进行移植，培育大苗。

3. 播种量

播种量是决定苗木合理密度的基础，它直接影响苗木产量与质量。播种量过小，浪费土地，苗木间隙大，土壤中水分大量蒸发，而且杂草容易侵入，增加苗木圃地管理用工；播种量过大，种子出土容易，但增加田间管理工作量，且浪费种子。播种量由种子大小（千粒重）、场圃发芽率、苗圃地条件、苗木出圃量及规格要求、管理水平等决定，不同树种、不同地区、不同要求的播种量不同。

4. 覆土

在覆土盖种环节，如果是大粒种子应当覆盖厚土；如果是小粒种子则应当覆盖薄土。播种后应及时覆土，覆土厚度会影响种子萌发，一般为种子直径的 2 ~ 3 倍。覆土过厚，不利于种子发芽和出土；覆土过薄，不利于种子保湿，并易遭鸟兽危害。小粒种子覆土以隐约见种子为度，覆土后应适当镇压，让种子与土壤紧密结合。

5. 覆盖

覆盖可保持土壤湿润，有利于种子发芽，播种后须用薄膜、茅草、松针、铁芒箕等覆盖,既可减少蒸发、保持水分,又可防止冻害和鸟兽危害,但覆盖最好不用稻草,以免感染病虫害,厚度以不见土为宜。

(四) 苗期管理阶段

1. 遮阴

对于阴性树种及幼苗期苗木弱小、易遭日灼的树种,在种子发芽出土前,我们必须在苗床上搭建好荫棚,荫棚透光度因树种、圃地位置而异。

2. 揭除覆盖物

幼苗出土后应及时揭除覆盖物,4月左右种子开始发芽出土,60%左右种子发芽出土后,进行第一次揭草,揭去40%左右的覆盖物;第二次在种子基本全部发芽出土时,揭去全部覆盖物。对于揭草,我们必须选择在阴天或晴天的傍晚进行。

3. 除草

杂草是苗木生长所需水、肥、光的主要竞争对手,有些杂草还是病虫害的根源。因此,在幼苗出土后要及时清除杂草。除草应做到除早、除小、除了,以保持圃地清洁。在幼苗期除草时,我们应选择在阴天进行,晴天则应在早晚进行。

4. 水肥管理

苗期必须保持苗床湿润,揭草后应特别注意灌水,灌水要做到适时、适量,既要保持苗床湿润,又要控制水量,不能淹过床面,以保证苗木生长稳定,防止干旱导致幼苗生理缺水而大量死亡。灌水时间以早、晚为宜。在苗木生长过程中,要及时追肥,以保证苗木生长需要。前期追肥应少量多次,先稀后浓,苗木生长初期,以氮肥为主,施肥浓度宜稀,并结合灌水进行,中后期视其生长情况增加用肥量,后期增加施磷、钾肥,以促进苗木木质化。

5. 间苗、补苗、移栽

间苗主要是确定合理的苗木密度,可以分2～3次进行。通过间苗可以使苗木分布均匀,有利于苗木生长和管理。过密的地方间稀,过稀的地方补密。间苗时一定要注意水分管理,保持苗床湿润。第一次间苗、补苗或小苗移栽宜在5月中下旬进行,间苗、补苗后每平方米保留幼苗株数为最终保留株数的130%～150%；小苗移栽时按要求整好圃地后，按照（20～30）cm×（8～15）cm的株行距栽植；第二次间苗在6月上旬进行，进行最后定苗，保留株数为计划产苗量的105%（按土地利用率70%左右计算）左右。

6. 切根

切根又叫断根或截根，通过切根工具切断苗木的主根和部分侧根，使苗木多生侧根和须根，促进根系发达，提高苗木质量和造林成活率。主根发达树种的幼苗切根深度8～12 cm，时间在幼苗展开2片真叶时进行；一年生或一年以上苗木切根深度一般为10～15 cm，依苗木规格而定，规格越大，深度越深。切根一般在秋季进行。

7. 病虫害防治

在苗木生长过程中，经常会遭受各种病虫害的危害，若防治不及时，将造成巨大损失。病虫害防治应坚持预防为主，综合防治的方针，早治、治好。对种子、压条、接穗等繁殖材料要进行严格检疫；在幼苗期和速生期，对病虫害较多的树种要定期喷洒杀菌（虫）剂和保护剂。一旦发生病虫害，一定要对症下药，及时防治。

（五）出圃阶段

南方在当年12月中下旬至次年3月中旬，树液停止流动时，苗木即可出圃造林。一年生合格苗标准参照国标或地方标准。挖苗宜选择阴雨天气或晴天的早晚进行，要求用锄头或铁铲取苗，严禁拔苗。苗木取好后，进行分级打捆，并及时运输，及时栽植。

二、嫁接育苗技术

（一）砧木选择与培育阶段

砧木品质的好坏关系到嫁接的成败，砧木必须与接穗有良好的亲和力，并具有良好品质，对当地立地条件具有良好的适应性，根系发达，生长健壮，对病虫害等具有较强抗性且来源充足，易繁殖；有的还必须满足生产的特殊要求，所以砧木的选择十分重要。砧木可通过有性和无性繁殖获得。但由于实生苗寿命长，根系发达，抗性好，嫁接成活率高，实践中大多用播种育苗获得的实生苗做砧木。

（二）接穗的采集与储藏阶段

接穗的年龄、充实度，芽的饱满度及枝条的位置等直接影响嫁接的成活率和嫁接后苗木的长势，一般选择树冠外围生长充实、枝条光洁、芽体饱满的枝条做接穗；春季嫁接多选用当年春季萌发的枝条，因嫩枝细胞活性强，生长素含量高，细胞分裂快，容易形成愈伤组织而使接穗成活。春季嫁接的接穗可在母树休眠期采集，储存前先剪截成 40～50 cm 长，50 枝左右一捆，用药剂消毒处理后用薄膜包扎好置于冷库或地窖中低温储藏越冬；南方可湿沙储藏，10 天左右检查一次，除去病变腐烂枝条，一般可储存 1～2 个月，次年砧木树液开始流动后嫁接。在生长期进行嫁接，接穗应随采随接，芽接时去掉叶片，保留叶柄；嫩枝嫁接可保留 1～2 片叶子（半叶）。

（三）嫁接阶段

1. 嫁接时间

选择适宜的嫁接时间是保证嫁接成活的关键之一，如何选择嫁接时间与树种、嫁接方法、物候期等有关。枝接一般选择在春季芽未萌动前进行，芽接则选择在夏秋季进行，最好选雨后或无风的阴天进行。大部分园林树木适宜于春季枝接。一般在 2～4 月，树液开始流动时便可进行。春季嫁接，由于气温低，接穗水分平衡好，易成活，但伤口愈合较慢。夏季嫁接是在 5 月中旬至 6 月中旬，这段时间最为适宜嫩枝接和芽接。此时接穗皮层较易剥离，细胞繁殖快，容易形成愈伤组织使嫁接口愈合，主要用于山茶、杜鹃、部分落叶树种嫁接。秋季嫁接是在 8 月中旬至 10 月上旬，这段时间适宜秋季芽接。此时新梢充实芽饱满，养分储存多，且皮层较易剥离，形成层活动旺盛，接口容易愈合。一些树种，如红枫可进行秋季腹接。

2. 嫁接方法

嫁接方法有很多，因砧木种类、大小、嫁接季节、气候不同而异。根据接穗不同可分为芽接、枝接和根接。枝接又分为劈接、皮接、切接、舌接、靠接等方法；芽接可分为芽片接、芽管接、芽眼接、牙套接等。

（四）苗期管理阶段

除草、水肥管理和病虫害防治参照播种育苗的相关方法。芽接后10～20天可检查成活情况。嫁接芽体和芽片叶新鲜，叶柄一触即落，表示已经成活；如芽体发黑，芽片萎缩，叶柄触之不易脱落，表示嫁接未成活，应及时补接。解除绑扎物。凡经检查嫁接已成活且愈合牢固的苗木，要及时解除绑扎物，以免影响营养运输和接穗生长。一般春季芽接20天左右可以解除绑扎；秋季芽接，因当年不能发芽，为防止其受冻害，不宜过早除掉绑扎物；枝接宜在嫁接口已牢固愈合，新梢在20～30 cm时除去绑扎物。枝接时如在砧基或接合部进行了培土保护，接穗成活后临近萌发时应及时破土放风，促进接穗萌发和生长。

（1）剪砧。春季芽接和枝接时应剪去接合部以上的砧木部分，秋季芽接的则应在次年春季萌芽之前进行剪砧。

（2）除萌。嫁接后，特别是剪砧嫁接，在砧木接口以下或根部会发出许多萌条和根蘖，为避免消耗水分和营养，应及时将其抹除；如嫁接未成活，则应在萌条中留一枝直立、健壮的枝条，以备补接时使用。

（3）培土防寒。在北方地区，嫁接苗与播种苗及其他营养繁殖苗一样，应注意防旱防寒，特别是嫁接口部位，要顺苗行培土，高度以2 m盖住嫁接口为宜，南方则不需要。

（4）整形定干。当嫁接苗长到一定高度时，应按照培养目的、树形类别、树种特性、栽植地条件等因素进行定干。定干后，按树形要求和绿化用途，通过抹芽、疏枝、短截、除蘖、攀扎等方法进行整形。

第三节　国家林木种苗发展总体战略

林业产业是我国生态环境可持续发展的物质基础，对经济社会迅速发展有积极的促进作用。在经济发展速度加快、人民生活水平提高的现实背景下，应大力发展生态文明，构建美丽家园，推进林业体制改革，大力发展林业产业，促进林业经济快速健康发展，着力构建完善的林业生态体系。因此，做好林木种苗的培育工作是摆在每个林业工作者面前的迫切要求和重要任务。

我国林业建设要持续健康地发展，就要求利用尽可能少的投资来取得更多的效益，其中的重点就在于狠抓林木种苗质量，这对于未来林业的发展具有非常重要的意义。

一、林木种苗对促进林业可持续发展的重要性

为林业建设提供充足的苗木的现阶段，不管是国内还是国际都面临着非常严峻的生态环境威胁，因此抓好林业建设工作是当前一项重要任务。林业建设的发展势必会对林木种苗工作提出更高的要求，在数量和质量同时提高的要求之下，更应该重视林木种苗的质量。做好林木种苗建设工作，尽可能地培育优良的林木种苗，为林业发展提供强大的后盾和支持，为林业建设带来数量充足的优质苗木。在我国大部分地区的林场中，林业建设工作中最关键的内容便是林木种苗培育，可见其对林业发展的重要推进作用。我们应了解到，林业建设工作属于一项长期性的工程，要超前抓好林木种苗建设，以确保林业建设的供给充足，最大限度地满足林业发展需求。

与此同时，林木种苗建设促进林业产业体系发展，林木种苗可以说是我国林业持续发展的重要基础，种苗的数量与品种质量在很大程度上关系到林业生产发展的水平。林木种苗能够让林产品与木材产量化以及品种更加多样化，从而有效地推动地方经济的发展。只有做好林木种苗工作，林业发展的物质材料和技术需求才能够得以满足，当前我国林业建设已经逐渐构成了一个比较完善的体系，同时在这一体系之下主要以林木种苗工作为支撑，并让其逐渐发展壮大。我国各大林场经过近几十年的不断发展，已经各自建立起了符合自身实际发展情况和当地林业工作实际的产业体系，而林木种苗工作便是这一体系的根基所在。在林业种苗的支持下，林业产业体系持续稳定发展，同时地方经济也在一定程度上依赖于林业产业的发展，可见林木种苗培育对于林业工作的重要意义。

综上所述，林木种苗建设影响着林业的可持续发展，林木种苗培育对于促进我国林业可持续发展产生了非常深远的影响，它能够在很大程度上确定我国林业产业是否稳产、高效，若林木种苗品种选择不合理或者幼苗培育质量不高，必然会导致林木成活率降低，树木生长缓慢，增加造林成本，这样，不但会减弱林业建设的生态效益，同时还会在很大程度上降低林业工作者的积极性，对地区经济的发展产生一定的影响。从本质上来说，林业产品的竞争即种苗的竞争，我们必须努力提升林木种苗的培育质量，提升种苗培育工作的科技含量，尽可能地培育出更多优良品种，才能够有效地提高树木成活率。

二、林木种苗在我国林业和社会经济发展中的战略地位和作用

当前，我国正处于全面建设小康社会的重要战略机遇期，建设生态文明、实现科学发展，已成为我国现代化建设的战略任务；维护生态安全，应对气候变化，已成为全球面临的重大课题。林业工作肩负着越来越重大的历史使命。在向生态文明迈进的进程中，作为生产生态产品的主体部门，林业要在维护国土生态安全、促进经济与生态协调发展方面发挥重要作用；作为实现人与自然和谐的关键和纽带，要在构建社会主义和谐社会中发挥重要作用；作为重要的基础产业，要在我国经济可持续发展中发挥重要作用。现在社会对林业的需求日趋多样，林业的内涵、外延日益丰富，林业的多种功能空前显现。林业不仅要保障木材等林产品供给，还要向开发生物产业、森林观光、保健食品等制高点进军；不仅要发挥防风固沙、水土保持等作用，还要向森林固碳、物种保护、生态疗养等领域延伸；不仅要着眼发展经济，还要向改善人居、传承文化、提升形象等高层次推进。而我国森林资源总量依然严重不足，森林生态系统整体功能仍然十分脆弱，生态问题依然是我国可持续发展最突出的问题之一，生态产品已成为当今社会最短缺的产品之一，生态差距已构成我国与发达国家最主要的差距之一。加快林业发展，加强生态建设，任重而道远。

林木种苗是林业可持续发展的重要基础和战略保障，受到世界各国的广泛重视。林木种苗的公益性质和社会属性，林木种苗的基本功能及其在林业和社会经济发展中的重要作用，越来越为人们所认识。现代林业建设的新形势，要求林木种苗工作要超前谋划、持续发展。林木种苗建设的任务非常繁重，它是现代林业建设最根本、最长期的保障。实践证明，必须高度重视

和加强种苗工作，进一步明确种苗工作的定位。这就是：实现林业"双增"目标，要优先发展种苗，赋予种苗以重要和战略地位，把加快林木种苗发展作为首要任务；建设现代林业，要突出种苗格局，赋予种苗以命脉和首要地位，把加快林木种苗发展作为基础保障；建设社会主义新农村和促进农民增收，要大力发展种苗，赋予种苗以基础和主体地位，把加快林木种苗发展作为重要途径。林木种苗承担着负载林木遗传基因、繁衍世代森林和促进林业发展的重要使命，在林业和社会经济发展全局中居于特殊地位。无论从生态角度、经济角度、文化角度讲，还是从林业角度、应对全球气候变化角度、社会经济发展角度讲，培育林木良种，发展林木种苗，都应当受到格外的重视，应当把种苗置于我国林业发展全局中的突出地位。林木种苗是生态建设、生态安全、生态文明的基础和原动力。

（一）种苗是造林绿化的前提与基础

1.种苗是林木遗传基因的重要载体

基因是生命系统最基本的遗传单元，种苗是传承林木遗传基因的载体。我国是一个树种资源极其丰富的国家，在已发现的3万种种子植物中，木本植物有9100多种，其中乔木树种3000多种，灌木树种6000多种，居北半球各国之首，乔木树种中优良用材和特有经济林树种有1000多种，许多树种起源古老，甚至有些是世界上的珍稀特有种，另外还有引种成功的国外优良树种100多种。丰富的树种资源为我国林业生产发展提供了巨大的物质基础和育种材料，对这些种类繁多、各具特色的林木基因资源进行不断选育，可以提供满足人类生存和社会发展多样化需要的林木良种和新品种。

2.种苗是造林绿化的物质基础

种是万物之本，种苗是造林的物质基础，是林业生产最基本的生产资料。多年的林业实践证明，植树造林，种苗先行。种苗的品种优劣、数量多少、质量好坏，不仅影响造林速度和成败，而且直接关系到林业建设质量与生态、社会、经济三大效益的发挥。林木种苗生产是一项超前性、持续性、长期性的任务，超前抓种苗是营林生产的客观要求，没有种苗的超前准备，就没有林业的快速发展。

3. 种苗是丰富造林树种结构的关键

随着社会经济的发展，对林业提出了多样化需求。一方面要为生态建设提供充足的种苗。一个物种的进化潜力和抵御不良环境的能力既取决于种内遗传变异的大小，也有赖于群体的遗传结构。对于一个物种来说，遗传变异越丰富，对环境变化的适应性就越强。治理和抑制我国"生态赤字"的重要途径之一就是恢复植被，恢复再生植被的基础和前提是选树适地，选择和建设与地区自然条件相应的乔、灌、草等种植材料。另一方面，要为速生丰产用材林、经济林、花卉等提供优质的繁殖材料和种植材料。随着向小康社会的迈进，人们对木材、果品、花卉、药材和工业原材料的要求，日趋优质、高效和多样化，因此，开展保存传统名贵花卉、珍稀濒危花卉、特色花卉、潜在利用价值花卉种质资源的保护，保存这些宝贵资源是维护花卉物种安全、国家生态安全，促进经济社会可持续发展的战略需要。

4. 良种壮苗是提高林地生产力、确保造林绿化质量效益的根本

良种壮苗是提高林地生产力的根本措施。只有发挥种苗的优良特性，选用遗传品质优良，培育生长健壮的林木种苗，才能实现林业的高产稳产和优质高效。不断推出林木良种及其配套繁育、栽培技术，就是从根本上提高种苗质量及其科技含量，从而提高种苗对林业生产的科技贡献率。实践证明，在诸多营林措施中，林木良种对森林资源增长的贡献率居首位。林木种苗是决定林业产品数量和品质的内因。

(二) 种苗是维护陆地生态系统稳定性的支柱

1. 林木种苗培育是维持和制约森林遗传多样性的主要途径

随着全球气候变迁和环境变化，世界森林的遗传资源正以前所未有的速度衰退。研究表明，我国有 800~1000 种乔灌木树种或种群处于受威胁或濒临灭绝的境地，近百种树种已经灭绝或行将灭绝。因而，林木育种肩负着维护和创造森林多样性的重要使命。但林木育种具有两面性，即随着育种项目的推进，人们将获得更高的遗传增益，同时，由于选择和遗传漂移，又不可避免地失去部分遗传多样性，增益越大，遗传多样性失去越多。另外，遗传多样性与人工林的稳定性有着密切的关系，遗传多样性单一的林分，在病虫害盛行或恶劣气候环境条件下，更易遭受毁灭性的侵害。因此，收集、保

存林木遗传多样性资源，可以不断丰富和补充育种材料，为人工林的遗传多样性控制创造条件，从而不断提高林分抵抗病虫害和不良环境条件的能力。

2. 林木种苗培育是维持和提高人工林生物学稳定性的基本途径

维持和提高森林生物学的稳定性是保证森林可持续经营的基本因素。我国人工林面积 6168.84 万公顷，占世界人工林面积的 1/3，但单位面积蓄积量只有 49.01 m^3/hm^2，林地生产力低、森林防护效能不高，一个很重要的原因是人工林不稳定，而这无疑与林木种苗的培育、良种的推广使用有极大的关系。

3. 林木种苗是影响森林生态系统健康与安全的重要因素

森林生态健康与安全越来越受到各国的普遍关注。美国等一些国家正在开展种苗对森林健康的影响研究。种苗对森林健康构成威胁或潜在威胁主要有两种情况：一是盲目引种导致有害生物的入侵，对当地森林生态系统造成严重破坏。在我国已知外来有害生物中，超过一半是人为引种的结果。境外引进的种苗及繁殖材料种子或繁殖体夹带危险性病虫害，造成了巨大经济损失。二是转基因新品种，可能对森林生态系统甚至人类健康、生存环境造成潜在威胁。种植大面积单一转基因人工林的稳定性可能比人工纯林更危险，转基因森林食品的安全问题也令人质疑。

（三）种苗对林业产业发展的支撑

种苗是决定林产品数量、品质和种类的内因，对满足社会经济发展、对林产品多样化需求起到了重要作用。林木种苗是一种商品，因为它多在市场上发生交换，但它又是一种特殊商品，是林业产业发展最重要的物质基础，它的数量、品质和种类决定着它所生产的林产品的量、质和种类。随着国家工业化和现代化进程的加快，随着人们生活水平的提高，对木材和林产品需求发生了重大变化，因此对种苗需求发生了重大的结构性变化。一方面对传统用材林树种中的杉木、松树、杨树、桉树等传统品种的种苗需要；另一方面满足当今工业原料林要求的品种、珍贵用材树种、名特优新经济林品种、造型优美、色彩斑斓的绿化美化品种，备受青睐。

种苗对林业产业发展的支撑主要体现在以下几个方面：一是种苗是林业产业的重要组成部分。林木种苗在为林业发展和生态建设提供物质基础的同时，也发展成为林业产业的重要组成部分。二是种苗是农民脱贫致富的重要途径，在推进我国社会主义新农村建设中的作用明显。随着农村产业结构调整，各地普遍把苗木生产作为农村新的经济增长点和农民增收的途径，逐步向社会化、市场化、产业化发展。在国家建设林木种苗工程项目的同时，全社会参与林木种苗生产经营的热情空前高涨，苗木产业已成为农村经济发展的重要方面和农民增收致富的主要经济来源。三是种苗是生态文化建设的组成部分，对美化生活环境、构建和谐社会具有重要作用。新时期，党中央提出了以科学发展观统领经济社会发展全局，构建和谐社会，推进社会主义新农村建设的要求。随着经济的快速发展，城市化进程不断加快，城乡绿化美化加速推进，种苗已由一般的生产资料，转变为兼具消费资料的属性。供求关系和消费层次发生了变化，所需苗木品种结构也随之变化，以生产主要造林树种种苗为主的生产局面已被打破，随之而来的是，不仅需要提供荒山造林用的种子苗木，而且要为荒山造林、风沙治理、退耕还林、绿色通道、城乡绿化美化等多品种、多色调、多规格、多品味的多样化需求，提供抗逆性强的生态型苗木、材质好的速生用材林苗木以及绿化大苗、花卉、草坪、盆景、各类名特优新经济林等门类齐全的种苗，从而有效满足人们在构建和谐社会、推进新农村建设、全面建设小康社会进程中城乡绿化美化的需求。

三、战略布局与战略目标

按照"种苗发展系统工程论"总体战略思想和指导方针，谋划我国林木种苗发展战略布局和目标。林木种苗建设，以内涵提高为主，突出林木良种核心；以基地建设为主，引导社会种苗发展。在过去建设成效的基础上，进行生产力结构、布局的重点配置，形成以重点林木良种基地为中心，以种苗基地为主体的林木种苗生产力布局；以种苗站、种苗质检站为骨干的林木种苗能力建设框架，不断提升种苗管理能力和种苗行政执法能力水平。

(一) 战略布局

1.总体布局

新时期，林木种苗发展以重点林木种质资源保护、重点林木良种基地、重点采种基地、保障性苗圃为主体框架，以社会种苗生产为补充，构建林木种苗生产供应体系；以主要用材林树种、主要优质木本粮油（包括生物质能源）树种良种选育和基地建设为重点，兼顾抗逆性生态树种良种基地建设，实现林木种苗建设在空间布局上合理配置，在区域布局上协调发展，使种苗项目建设布局更合理，基础保障更有力，各项管理更到位。

2. 区域布局

根据我国气候环境、区位优势、树种分布特点和林业发展规划，坚持"面向生产，立足优势，主攻重点工程，保证种苗供应"的原则，按照东北山地平原区、华北治沙区、西北干旱地区、西南高山地区、青藏高原区、华东丘陵平原区、华南低山丘陵区等7个区域，确定林木种苗建设内容和任务。

东北山地平原区位于我国东北部，是我国天然林保护工程、速生丰产用材林基地工程和三北工程实施区。范围包括黑龙江、辽宁、吉林、龙江森工、吉林森工、大兴安岭森工、内蒙古森工等地区。建设方向：加强主要造林树种和有潜力的珍贵乡土树种的种质资源收集保存，建立以优质、高效、稳定为目的的速丰林和防护林良种选育体系，为速丰林基地建设提供良种。

西北干旱地区是我国主要的沙漠分布区，自然条件较差，生态环境脆弱，是防沙治沙工程、退耕还林工程、天然林保护工程和三北防护林工程实施区，也是我国重要的经济林产地之一。该区域的范围包括陕西、甘肃、宁夏、新疆四省（区）和新疆生产建设兵团。建设方向：根据林业重点工程建设需要，收集保存适应性强、抗逆性强的木本植物（沙生植物）种质资源，加强抗旱治沙树种的良种选育；开展经济林树种地方品种和野生资源的收集保存和繁育，开展良种选育，加速经济林品种的更新换代。

华北治沙区是速生丰产林工程、退耕还林工程、天然林保护工程、三北防护林工程、太行山绿化工程的实施区，也是京津风沙源治理工程的主要实施区和我国主要的经济林产区。该区域的范围包括内蒙古、北京、天津、河北、山西、河南、山东七省（区、市）。建设方向：根据防沙治沙工程的需要，开展治沙树种的种质资源调查收集保存，加强治沙树种的良种选育；开展经济林树种地方品种和野生资源的收集保存和良种选育，加速经济林品种的更新换代，为速丰林基地建设提供良种。

华南低山丘陵区是我国最主要速生丰产林基地建设工程区和我国南方

经济林的主产区，也是退耕还林工程、珠江防护林工程、沿海防护林工程的实施区。该区域的范围包括广东、广西、海南、福建四省（区）。建设方向：加强现有主要造林树种，水土保持能力强、抗盐碱树种的种质资源收集保存，加强高世代育种，选育新的可供利用的速丰林造林树种，适应性强、生态效应高兼有较高经济效益的防护林良种。

华东丘陵平原区是我国速生丰产林工程主要实施区，也是长江防护林工程、沿海防护林工程、平原绿化工程和退耕还林工程的实施区。该区域的范围包括上海、江苏、浙江、江西、安徽、湖北、湖南七省（市）。建设方向：加强现有主要造林树种，水土保持能力强、抗盐碱的树种种质资源收集保存，为速丰林基地建设提供良种；选育新的可供利用的造林绿化树种、生物质能源树种；选育适应性强、生态效应高兼有较高经济效益的良种。

西南高山地区是我国树种资源最丰富的地区，也是天然林保护工程、退耕还林工程和长江流域防护林工程、珠江流域防护林工程实施区。该区域的范围包括重庆、四川、云南、贵州四省（市）。建设方向：调查收集保存具有开发潜力的树种种质资源，挖掘新的可供利用的用材林树种、防护林树种、药用树种、生物质能源树种；选育适应性强、生态效应高兼有较高经济效益的良种。

青藏高原区是我国退耕还林工程、三北防护林工程的实施区。该区域的范围包括西藏、青海两省（区）。建设方向：调查收集保存具有开发潜力的树种种质资源，挖掘新的可供利用的生态树种；加强高寒树种原生地保护。

（二）战略目标

1. 总体战略目标

经过几十年的不懈努力，到20世纪中叶，全面建成完备的林木种苗发展体系，实现林木种苗现代化。实现种苗建设科学化、管理精细化、设备现代化、人员专业化。种苗供应品种丰富，普遍实现林木种苗生产基地化、造林良种化、质量标准化、苗木产业化、管理法制化、信息规范化，为全国全面绿化，实现中华大地山川秀美，基本建成资源丰富、功能完善、效益显著、生态良好的现代林业，满足国民经济和社会发展对林业的生态、经济和社会需求做出积极的贡献。

2. 阶段性目标

根据林业发展需要，林木种苗发展的战略步骤分三步走。

第一阶段：2010—2015 年是我国林木种苗关键发展期，全国林木种苗发展体系基本建立。主要目标：林木种子基地供种能力大幅度提升。全国造林基地供种率总体达到 80%，其中，主要造林树种种子供应全部实现基地供种；造林良种使用率大幅度提高。建立林木良种补贴制度，提高林木良种产量和品质，全国造林良种使用率总体达到 65%，其中，商品林造林全部使用良种；建立林木种苗生产供应应急机制。建立林木种苗储备补贴制度，充分利用现有林木种苗储藏设施，种子储备能力达到年均用种量的 20%，其中林木良种全部储备，建立林木种苗生产供应应急机制，保障种苗抗风险能力和种苗供应安全；建立和完善种源管理制度。实现主要造林树种按种子区供应，建立完善的种苗生产经营档案制度；完成 25 个省（区、市）主要造林树种种质资源调查。引导各省（区、市）大力开展主要造林树种林木种质资源清查工作，初步建立国家林木种质资源保存体系，对现有优良育种材料的种质资源全部进行收集保护；完善林木良种选育、审定、示范、推广体系。对马尾松、杉木、油松、落叶松、樟子松等主要针叶树种良种基地进行升级换代，构建主要造林树种高世代育种群体，高生产力种子园和采穗圃；加大以油茶、核桃为主的木本粮油树种、生物质能源树种等树种的良种选育、审定和生产基地建设；抗性育种得到较快发展，阔叶树种良种选育取得新的进展，使全国主要造林树种林木良种增益在 15% ~ 30%；加强林木种苗信息指导和社会化服务。完善全国种苗信息网络，实现国家、省、重点地县网络互通互联。指导和鼓励地方建立种苗协会，逐步完善社会化服务体系；强化国有苗圃管理。努力探索和建立与社会主义市场经济体制相适应的经营机制，大力提高国有苗圃经营管理水平；完善林木种苗法律、法规、执法和技术标准体系。

第二阶段：2015—2020 年是我国林木种苗稳步发展期，全国林木种苗发展体系比较完备。主要目标：全国造林全部实现基地供种；全国造林良种使用率总体达到 75%；国家林业重点工程造林用种全面实行种源管理制度；完成全国林木种质资源调查工作，大力开展优良种质资源的保护和利用；林木良种选育和基地建设水平不断提升；全面建成以国家重点林木良种基地为主的良种生产供应体系；实现林木种苗法制化、标准化、规范化管理。

第三阶段：2021—2050 年是我国林木种苗持续发展期，全国林木种苗发展体系完备建成，实现种苗现代化。总体目标：全国造林用种实现基地供种，主要造林和重要生态树种普遍实现良种化；种苗供应品种丰富，质量优良；林木种质资源得到有效保护和合理利用。全面建成完备的林木良种选育推广、林木种苗生产供应、林木种苗行政执法和质量监督管理、林木种苗社会化服务体系，保障现代林业建设种苗稳定持续发展。

（三）战略途径

我国是最大的发展中国家，一方面，人口、资源、环境的现状，决定了林业建设的任务是长期而艰巨的；另一方面，经济社会发展对林业的迫切需求决定了林业必须走科学发展之路，从而决定了林木种苗发展的长期性与科学性。其战略途径：以科学发展观为指导，以推动现代林业建设为目标，牢固树立"林以种为本，种以质为先"的理念，以林木良种为核心，以重点种苗基地为载体，以提高种苗质量为主线，以科技创新为先导，以体制改革为动力，以执法监管为保障，着力构建林木种苗发展体系，使之从以数量保障型跨入质量效益型发展的新阶段。我国的种苗发展由目前的重建设轻发展转向稳定、持续良性发展，管理方式由目前粗放、低效转向集约、高效，依靠科技支撑，综合运用法律、经济、行政手段管理，充分发挥林木种苗在林业生态、林业产业和生态文化三大体系建设中的基础和保障作用，使林木种苗成为促进现代林业发展的原动力，推动我国林业健康持续发展。

四、战略重点措施

（一）科技创新和良种选育推广体系

依靠科技创新，构建林木良种选育推广体系是林木种苗发展的根本、基础和命脉。

1. 加大林木种质资源调查保存评价及利用力度

林木种质资源是良种选育的基础。为了加大林木种质资源调查保存评价及利用力度，我们应该做到以下几点：

一是根据现代林业建设需要，区分轻重缓急，坚持调查、收集、保存、开发利用并重，以提供林木良种选育遗传材料，提高林木良种使用率为目的，开展具有开发利用价值和潜在利用价值的主要造林树种、重要乡土树种以及珍稀濒危树种的林木种质资源收集保存工作。

二是在全面清查我国林木种质资源的基础上，以原地保存为重点，原地保存与异地保存相结合，以设施保存为战略储备。林木种质资源原地保存库（林木种质资源保护区、保护地），依托自然保护区、森林公园等进行挂牌、标志，加以保护。

三是林木种质资源异地保存库，在重点林木良种基地中统筹布局，围绕基地建设方向，加强种质资源的收集和保存，并不断补充和丰富新的种质资源，以最少的种质份数最大限度地保存林木遗传基因，为林木遗传改良奠定基础。

四是按照"中央为主，中央与地方两级保护"的原则，国家统一规划，中央与地方优势互补，依托国家和省级林木良种基地建设。

五是建立国家林木种质资源保存库和省级林木种质资源保存库，实行国家重点林木良种基地和国家林木种质资源保护体系建设的有机结合。

六是建立永久性林木种质资源保存基地，需要抢救性保存的珍稀濒危树种、绿化树种因地制宜建设异地种质资源库。

七是林木种质资源设施保存库，依托国家林业科研单位，建设并长期保存我国林木种质战略性资源。

八是在林木种质资源收集保存的基础上，根据良种选育的方向和利用目的，进行科学有效的鉴定、评价，提出评价意见和利用方向，公布全国林木种质资源重点保护目录。

九是建设国家林木种质资源数据库和国家林木种质资源动态监测体系，定期更新及提供可供利用的林木种质资源信息。

2. 加大林木良种选育和繁育技术创新力度

林木良种选育是林木种苗发展的核心。为了加大林木良种选育和繁育技术创新力度，我们应该做到以下几点：

一是根据各地造林用种需求，统筹布局，区域协作，优势互补，有计划、有步骤地开展种源实验、杂交育种、新品种选育、种子园建设等，加快推进我国林木良种化进程。

二是实行常规育种与分子育种相结合，建立和完善优异种质创新、新品种选育和规模化繁育三大技术平台，推动技术创新，加速林木良种选育和繁殖进程。

三是以主要造林树种和重要乡土树种为主，开展种源实验，划分种子区，筛选骨干亲本，实行育种群体与配子群体（生产群体）分离，构建主要造林树种高世代育种群体，建设高世代种子园、采穗圃，形成向家系林业、无性系林业发展。推行多树种、多目标育种和定向育种策略，进行多世代连续改良，从生长量、材性、抗性、经济产量等多性状目标进行定向改良，研究杂交育种、轮回多性状综合育种和分子辅助育种技术，选育适合我国不同立地条件的速生、优质、高产、高抗林木新品种。

四是开展林木良种快速繁育和开发技术应用研究，重点是优良品种性状改良技术、优良新品种开发技术、体细胞胚胎发生技术等，加快林木基因工程、细胞工程和组织工程等高新技术的应用，进一步缩短育种繁殖周期，使具备生长快、品质好、抗病力强、生态适应性强等优良性状得到充分显现。

五是科学引进国外优良品种，通过引种实验筛选出生产力高、生态稳定性好的优良品种，满足我国现代林业建设需要。

六是结合各地实际，注重生产使用，着眼于林木良种化建设长远发展，充分利用现有育种资源等基础条件，以种苗管理机构为主导，以科研教学单位专家为技术支撑，以林木良种基地为平台，高效、有序地组织开展林木良种选育推广工作，实现林木良种选育工作的科学发展。

七是林木良种选育的重点：南方以用材林树种为主，兼顾油茶等木本粮油树种良种选育；北方以经济林树种为主，兼顾其他林种树种良种选育。

八是开展提高结实能力和种子品质研究，加强对现有种子园经营管理，不断丰富现有种子园内涵和提高经营质量，充分发挥种质资源和基地优势与潜力。

九是研制安全、可靠、适用的球果和种子采集加工设施设备，加强林木良种品种鉴别与质量检测方法研究。

3.加强林木良种审定与推广力度

林木良种审定与推广是促进林业生产使用良种的关键。为了加大林木良种审定与推广力度，我们应该做到以下几点：

一是严格贯彻《种子法》的规定，完善林木品种审定制度和审定标准，加强国家级和省级林木品种审定工作；

二是近期要加大油茶、核桃等木本油料树种和优良乡土树种的良种审定和推广；

三是加大林木良种宣传力度，营造良种示范林，提高社会对良种的认知程度，不断提高国家林业重点工程造林和社会造林良种使用率。

（二）林木种苗生产供应体系

保证种苗生产供应，既是林木种苗发展的出发点和落脚点，也是种苗服务于林业建设的宗旨。

1.加大种子生产供应

为了加大种子生产供应，我们应该做到以下几点：

一是实行林木种子生产基地分级分类建设和管理，健全以林木良种基地为主体，采种基地为补充的林木种子生产供应体系；

二是国家和省级重点林木良种基地生产的林木良种是国家林业重点工程用种的主体，由省级种苗管理机构统一组织采收、加工、检验、储藏，统一调剂使用；

三是对目前不能满足良种需要的树种可将优良种源区的优良林分划为母树林；

四是加强种子园和采穗圃的管理和建设，提高良种产量；

五是加强种子储备，保证种子结实歉年或出现重大灾害等情况下的种子供应和供种安全。

2.加大苗木生产供应

为了加大苗木生产供应，我们应该做到以下几点：

一是完善以市场为导向，国有、集体、个人、股份制等多种所有制共同发展的苗木生产供应体系，实行市场调节与政府宏观指导相结合，推行订单育苗；

二是以省为单位，确定保障性苗圃，发挥装备、技术和品种优势，将其打造成苗木生产供应体系的"旗舰"，培育林木良种壮苗、珍贵树种苗木和生态林苗木等通过市场难以满足的林木种苗，以保障国家林业重点工程造林和林农造林对种苗的需求；

三是城市绿化树种，以市场需求为导向，大力培育高规格、多品种苗木，推动种苗产业发展；

四是在苗木生产中，通过提供信息指导、优良品种、生产技术等，大力采用全光照自动喷雾育苗、轻型基质容器育苗、组织培养工厂化育苗和激素诱导生根等先进技术，提高育苗质量，稳定生产数量，形成生产基地化、育苗良种化、质量标准化和市场规范化的苗木生产供应体系。

(三) 林木种苗质量监督和行政执法体系

林木种苗质量监督和行政执法是林木种苗科学发展的保障，因此我们应该做到以下几点：

1. 全面促进林木种苗法制建设

为了全面促进林木种苗法制建设，我们应该做到以下几点：

一是进一步完善以《种子法》为主体，行政法规、地方性法规、部门规章、地方政府规章相配套的林木种苗法律法规体系；

二是抓紧制定林木种子储备、林木良种选育和推广专项资金管理、林木种子进出口审批等行政法规，督促地方制定《种子法》实施条例；

三是加强林木种苗标准的制修订工作，完善种苗标准体系。

2. 增强林木种苗行政执法力度

为了增强林木种苗行政执法力度，我们应该做到以下几点：

一是进一步规范林木种苗生产经营秩序，严格林木种苗市场准入，依法打击生产经营假劣林木种苗、未审先推、破坏种质资源、无证、无签，以及乱引、乱繁、乱采林木种子等违法行为，强化林木种苗购销环节管理，创造公平、公正的市场环境；

二是加强林木种苗生产、加工、包装、储藏等全过程质量管理，强化种源管理，建立和健全林木种子生产经营档案管理制度，进一步完善林木种苗质量年度抽查制度；

三是开展全面质量管理活动，在种苗生产、经营企业大力推广质量管理体系认证。

3. 加大林木种苗执法和质量检测能力建设力度

为了加大林木种苗执法和质量检测能力建设力度，我们应该做到以下几点：

一是建立和完善国家、省、市、县四级职责明确的林木种苗行政执法和质量检验机构，配备必要的设施设备，建立行政执法责任制，将执法职责和权限分解到每个岗位和执法人员；

二是建立健全调查取证、重大处罚备案、执法文书档案管理、执法情况统计、执法人员守则和执法人员廉洁自律以及评议考核等制度，规范执法行为；

三是建立质量管理手册、人员岗位责任、检测事故分析报告、技术文件管理和保密、检测工作质量申诉和处理等工作制度；

四是强化林木种苗行政执法人员培训，配备法律专业人员，建立一支政治素质高、工作能力强的林木种苗执法队伍。

(四) 林木种苗的社会化服务体系

林木种苗管理机构的公共服务与林木种苗行业协会等社会团体的社会化服务，都是进行林木种苗生产经营的重要支撑。

1. 积极做好林木种苗信息服务

林木种苗的社会化服务体系构建，可以提供充足的林木种苗信息服务，其主要具有以下作用：

一是加快种苗信息和基础设施、设备和管理软件开发；

二是实行全国种苗网络建设统一标准和要求，形成重点县、地市与省区市、中央三级种苗网络体系；

三是及时、准确地发布种苗供求和林木良种信息，引导种苗生产供应。

2. 积极促进林木种苗行业协会等社会团体发展

为了积极促进林木种苗行业协会等社会团体发展，我们应该做到以下几点：

一是鼓励各地成立以服务为宗旨，以营造良好的生产经营环境为目的的林木种苗协会或社会团体；

二是充分发挥种苗协会等社会团体的桥梁和纽带作用，开展技术培训与推广、业务咨询、信息交流等活动；

三是为企业和林农提供政策咨询和中介服务。

3. 积极开拓种苗交易市场

为了积极开拓种苗交易市场，我们应该做到以下几点：

一是结合现代林业发展和社会主义新农村建设，利用现有条件，分区域建设大型种苗交易市场（包括行政审批、确认和挂牌），培育种苗交易集散地，为种苗供需双方提供交易场所；

二是支持和鼓励花卉、苗木主产区举办区域性苗木展销活动，发布林木种苗生产供需信息，指导种苗生产，引导和促进种苗产业健康发展。

林木种苗发展必须正确处理好林木种苗建设与林业发展，林木良种基地建设与苗木产业发展，国有苗圃与社会种苗发展，东部、中部与西部种苗发展，国家重点林木良种基地与面上林木良种基地，质量提高与数量保障，应用常规技术与高新技术育种，发展乡土树种与引进树种，林木种质资源收集保存与林木良种基地建设，种苗生产基地建设与行业能力建设的关系等十大关系。林木种苗发展尤其是林木良种，涉及宏观和微观层面、管理和政策层面、具体技术层面，是一个复杂的系统工程，需要用系统工程论的思想统领、完善林木种苗战略思想。"种苗发展系统工程论"的思想，可以概括为：确立以林木良种为核心的林木种苗可持续发展道路，建立以林木种苗基地为先导的林木种苗生产供应安全体系，建设以实施《种子法》为主的林木种苗行政执法和质量监督保障制度，完善以种苗行政机构的公共服务和行业协会的社会化服务相结合的服务网络。"在战略上合而为一，战术上分而治之"，从发展战略、经营思想和种苗技术要求特点出发，按种苗主导功能和生产目的，将林木种苗建设划分为公益性种子建设工程、商品性苗木培育工程和兼容性种苗建设工程三大类。公益性种子建设工程是以承担林木遗传基因保存、提供各类繁殖材料和保障发生灾害时种子急需的公益性事业为主体功能的建设，包括林木种质资源收集保存、林木良种选育生产和林木种子储备等；商品性苗木培育工程是以主要提供造林绿化所需的各类种植材料为基本功能的苗木生产。兼容性种苗建设工程的主要经营目的是维护林木遗传多样性，保障林木种子供应和生态型苗木的宏观调控，包括保障性苗圃、林木采种基地等。建立全国林木种苗发展体系，即林木种苗"四大体系"建设，包括科技创新和林木良种选育推广体系、林木种苗生产供应体系、林木种苗行政执法和质量监督体系、林木种苗社会化服务体系。

参考文献

[1] 罗玉蓉.园林企业以高品质园林施工养护赢得市场竞争的路径分析 [J].造纸装备及材料，2021，50(02)：83-85.

[2] 王文娟.装配式施工技术在私家庭院景观施工中的应用 [J].石河子 科技，2021(02)：49-50.

[3] 季晨.园林景观项目绿化施工中存在的问题及对策分析 [J].四川水 泥，2021(04)：102-103.

[4] 石瑞娜.园林工程施工与绿化养护的有机结合方法分析 [J].四川水 泥，2021(04)：104-105.

[5] 吴恺伦.浅析园林景观设计施工图的问题及措施 [J].四川水泥， 2021(04)：166-167.

[6] 沈毅.现代景观园林艺术与建筑工程管理 [M].长春：吉林科学技术 出版社，2020.

[7] 陈丽，张辛阳.风景园林工程 [M].武汉：华中科技大学出版社， 2020.

[8] 张炜，范玥，刘启泓.园林景观设计 [M].北京：中国建筑工业出版 社，2020.

[9] 颜玉娟，周荣.园林植物基础 [M].北京：中国林业出版社，2020.

[10] 穆丹.园林植物与植物景观设计 [M].吉林出版集团股份有限公司， 2020.

[11] 张志伟，李莎.园林景观施工图设计 [M].重庆：重庆大学出版社， 2020.

[12] 尹金华.园林植物造景 [M].北京：中国轻工业出版社，2020.